龙虹记

——龙龙的大熊猫国家公园奇幻之旅

大熊猫国家公园都江堰管护总站　著

科学出版社

北京

内 容 简 介

本书采取游记方式，图文并茂地展示了大熊猫国家公园都江堰片区的珍稀动植物资源、地方民俗、旅游资源等内容，融入了当前自然保护的新政策、新要求，结构上以龙龙游玩过程为明线，以丝带解惑、惊喜告知等为暗线，语言文字新颖、情节环环相扣。

本书可作为动植物研究、自然科普的学习用书，也可供国家机关相关部门、相关企事业单位、自然保护组织交流使用，还可供青少年课外阅读。

图书在版编目（CIP）数据

龙虹记：龙龙的大熊猫国家公园奇幻之旅/大熊猫国家公园都江堰管护总站著.—北京：科学出版社，2022.3

ISBN 978-7-03-071384-1

Ⅰ.①龙… Ⅱ.①大… Ⅲ.①野生动物—普及读物②野生植物—普及读物 Ⅳ.①Q95-49②Q949-49

中国版本图书馆CIP数据核字（2022）第020138号

责任编辑：张　展　侯若男/责任校对：彭　映
责任印制：罗　科/封面设计：墨创文化

斜 学 虫 版 社 出版

北京东黄城根北街16号
邮政编码：100717
http://www.sciencep.com

四川煤田地质制图印刷厂印刷
科学出版社发行　各地新华书店经销

*

2022年3月第 一 版　开本：787×1092　1/16
2022年3月第一次印刷　印张：7 1/4
字数：169 000
定价：89.00元

（如有印装质量问题，我社负责调换）

 编委会

引 言

遇见熊猫，遇见美好

　　大熊猫国家公园都江堰管护总站的生态守护员们出于对大熊猫及众多野生动植物的深厚感情，利用业余时间，写成了这本书。作为举世闻名、备受世人宠爱的大熊猫，被国内外大众放在笔端大写特写早已不是新闻。然而以章回小说的形式来写大熊猫的却很少见，本书的作者勇敢地做了这方面的尝试。

　　在作者的笔下，憨态可掬的大熊猫变身为功夫了得、善良仁爱、充满好奇心的森林守护者。随着故事情节的引导，通过大熊猫"龙龙"，作者把都江堰这个"三遗"之城的珍禽异兽、奇花异草、名胜古迹——展现在读者面前：羚牛、云豹、马麝……；朱鹮、红隼、金雕……；鸽子花、三脉紫菀、峨眉含笑……；龙池、飞仙亭、八卦台……真是琳琅满目，美不胜收。读者从这本书中，不仅可以了解自然保护区美丽的自然景观，还可以感受到都江堰独特的文化魅力。

　　难能可贵的是，作者在向大家介绍这些国宝时，不是只描写这些珍禽异兽、奇花异草奇异美丽的外表，而是顺势普及与这些动植物相关的知识，非常自然地进行科普和有关政策法令的宣传。作者笔法灵活，时而穿插着当今的时事热点：野生动植物保护、都江堰灌溉工程申遗、中国国际进口博览会……可谓很接地气。

　　这本书的作者不是专业作家，但他们却有专业作家没有的优势：他们是天天生活在大自然中并和国家公园内的野生动植物朝夕相处的人。对野生动植物，他们有高于一般人的感情和保护意识，他们以山为伴、与林为友，听蝉鸣鸟叫、落叶归根，看星辉滑落、倦鸟归林，当千山阅尽、万水读清，最终留下的，就是一片属于保护人自己独一无二的信仰，只因他们对这片山林爱得深沉。他们用青春和热血保护着这些可爱的山间精灵，而且用各种方式和途径（包括写这本书）向人们呼吁保护野生动植物。他们说："大熊猫，你是我们最好的遇见！"

吴笙阳

庚子年于成都

目录
contents

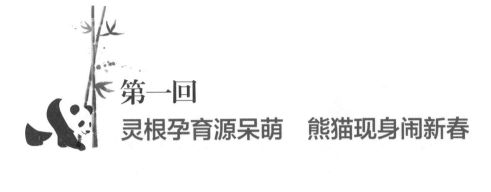

第一回
灵根孕育源呆萌　熊猫现身闹新春

话说公元 2019 年，夏归秋至，大熊猫龙龙站立灵台方寸山门，眼望之处：山浪纷飞，山月依照。丹崖怪石，峭壁奇峰。彩凤双鸣，大熊独卧。金猴攀腾，羚牛快跑。花木争奇，松柏长春。青山绿水，一派欣然。祖师悄然而至，龙龙等皆不知。祖师道："龙龙，你去吧！"龙龙闻此言，曰："师父，教我往哪里去？"祖师道："你从哪里来，便往哪里去就是了。""我自离家十余载，春折一枝杜鹃，夏饮一盏清泉，秋寻一山红叶，冬候一窗风雪，也学得七十三般变化，念师父厚恩未报，不敢去。"后见师父意已决，只得拜辞，与众相别。龙龙谢过师父，即抽身，径回龙虹山，自得其乐。真是：山中无甲子，寒尽不知年。

高山冰斗湖

一日，龙龙来到闹市，眼见一个个眉开眼笑，腊肉香肠飘香，瓜子花生香脆，金鼠将临门，祝福处处存。翻得万历书一本，不觉已是己亥年末，又一新春将至，几生感慨：不如朝游暮宿，顽耍纵横，合契同情，与国同乐。见一轿房唢呐队伍在路边修整，便从侧掀帘而入。不一会，觉轿子被人抬走，耳旁热情奔放的《迎亲曲》《泥黄调》《跑马调》唢呐声声响起，龙龙不由得跟随而动。忽听得外面阵阵喧哗，掀帘望见一摊位上摆满了融浮雕、圆雕、鎏青雕三种工艺于一体的各类物件，"太子笼""红楼梦"等雕刻栩栩如生，上书曰：聚源竹雕。不由惊道："我常吃的拐棍竹、冷箭竹竹茎瘦小，哪见过这般碗口大的竹子？"

　　经过银杏树下，见一队伍正在玉垒山牌坊处以笛子或铛子、铰子为主演奏，曲风细腻、悠美、祥和，龙龙听得如痴如醉，便问道："这是什么曲子？怎地如此好听！"抬轿人听到有人问话，转头欲答，见一只大熊猫坐于轿内，惊道："你这个顽熊，怎么跑到轿子里来了？"龙龙见状道："别怕，别怕，我就是不想走路，想坐一下顺风轿。"抬轿人道："倒也惊吓不到我，大熊猫我们都见怪不惊了！此音乐乃青城洞经音乐，起源于古代的巫觋音乐，现保留《青城曲》《步虚》等古乐曲 80 余支，是目前全国洞经音乐流派中保留最完整、内容最

丰富的民间音乐。你刚才所听之乐已入选最具地球人类代表性音乐，并于 1977 年被送入太空的《七十二滚拂流水》。"

　　龙龙下得轿来，跟随众人东瞅瞅、西瞧瞧，学得人模人样，做糖画、捏面人、吃麻糖，好不惬意。来到一写对联摊位前，借过毛笔疾书：灵鼠跳枝月影晃，春牛耕地谷香飘；银树呈祥花果硕，金猴献瑞国民殷。见有大熊猫写对联，周围片刻便被人围得严严实实。"好！好！"众人欢呼道。龙龙望着刚买的《望娘滩》，耳际嗡嗡作响，似有物飞来。欲知后事如何，且听下回分解。

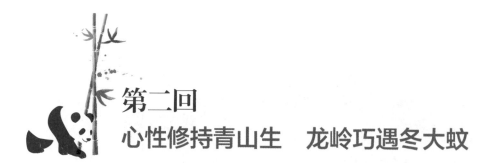

第二回
心性修持青山生　龙岭巧遇冬大蚊

　　且说那日龙龙在龙池游玩后，一路走到龙虹山上，在野牛坪远望群山，千里冰封，万里雪飘，好一幅山水银装。感悟之时忽闻耳旁嗡响，定睛细看，只见那：白雪皑皑身上盖，下有土丘，微至毫厘之间，宏及数尺有余，无不燥润有度，温寒相宜。逸可应四时之更变，战则御八方之敌祸。丘中有一物：凤目金睛，黑牙粗腿。长鼻银毛，圆头大尾。圆额皱眉，身躯磊磊。张牙舞爪，形奇异。原是只修身多年的黑须老蚊。

龙池湖

大熊猫（国家一级重点保护动物，食肉目大熊猫科，中国特有物种，正在做嗅味树标记）

　　龙龙上前道："何方神圣，报上名来，免得吃俺棉花一掌！""莫急，莫急，近闻龙虹山美誉，入川到此一游，哪知大雪封山，以致迷失方向。"闻此言，龙龙大笑曰："休得胡说，冰天雪地，极寒易僵，人着羽绒，何况蚊乎？定是妖孽幻化哄我罢了！"龙龙正欲提真气、发熊力，转念一想："他身无嘴，面善无害，何不让青山绿水中多一灵物，美我千年之古堰！"想罢，曰："且罢，且罢，你过来，跟我巡山去！"

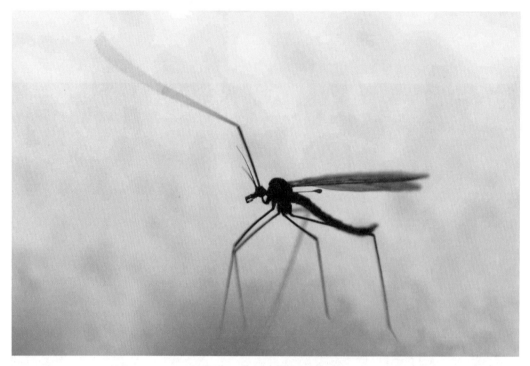

大蚊（双翅目大蚊科昆虫）

　　翻过爪爪山，刚过嶙峋石阵，旁一参天大树上传来一阵笑声，龙龙凝神聚气，打了个滚，侧身探寻。"龙龙做得好，此物不可没！"龙龙曰："道是何人，吓我一跳，原来是威震四海、多年不见的青城蝴蝶馆赵馆主！你向来可好，可识此物？""龙龙好，自壬辰年龙池初见后，没想到在此偶遇。托龙龙的福，现在众人对万物都宠爱有加，我亦有了更多的追随。刚看你手下留情，感觉甚好。此物乃昆虫类群，名曰'冬大蚊'，宇内仅存一百六十种，俄罗斯、加拿大、美国和北极区域多有，美丽中国唯黑龙江、青海偶有发现，川内首次现身，甚是罕见。其专捡极寒之地、极寒之时出没，饿其体肤，寻其配偶，延其生命，壮其物群。"龙龙听罢，虽说不怕，但也好奇，嬉笑道："极寒之处，人恐往之，区区小蚊，何以存活？""你有所不知，其体内含特殊抗冻剂，体液在极寒下不冻结，不同寻常！"龙龙道："既是如此，如何处置？"赵馆主手持随身宝物放大镜照后，道："待研究后再作定论！"寒暄一番后，各自归去。

至三交界脊上，龙龙见天色渐晚，山中无人，风雾漫漫，霎时黑暗，几欲疾走，空中一物迎面扑来，躲也不过，无奈一记绵绵熊掌迎空劈去。欲知后事如何，且听下回分解。

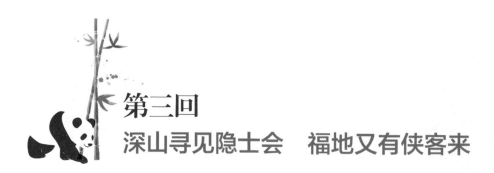

第三回
深山寻见隐士会　福地又有侠客来

上回说到只见莫名一物飞来，龙龙闪避不及，一记绵绵熊掌挥去，不料那物却应声裂为片片丝帛，龙龙大惊，定睛看去，乃知为人家郊游所戴之丝带。龙龙心道："此时暮色四合，这三交界脊上，白日里郁郁葱葱，至此傍晚，竟有些许晦暗难辨，此物何来？若是有人被困于这荒郊野岭，平素行侠仗义的我岂能袖手旁观？"遂提起一身功法，身形飘渺，在山脊上游走，又舌绽春雷，惊起苍坪沟里一林子鸟雀。龙龙苦求无果，甚是着急：这地盘素来便是自己掌管，若是有人迷失于此，或是有其他三长两短，何以向众人交代？

龙池聚龙坪

四川羚牛（国家一级重点保护动物）

黄喉貂（国家二级重点保护动物）

圆叶玉兰（国家二级重点保护植物）

山重水复疑无路，柳暗花明又一村。正当龙龙转过 2803 山岗，苦苦寻思之时，忽闻一阵嬉笑之声从西方传来，喜出望外，身形一动，兔起鹘落，便见那：石台铺彩结，宝树散氤氲。珙桐花开形缥缈，圆叶玉兰影浮沉。红豆点青山，杜鹃照绿水。白鹤声鸣，羚牛卧雪，云豹长啸，金雕欲飞，苍鹰磨爪，黄喉貂酣睡。桌上野莼菜、野芹菜、车前草，珍馐百味般般美；野柿子、野草莓、金樱子，异果佳肴色色新。好不闹热！

赤狐（国家二级保护动物）

众国之宝贝谈笑间，竟不知有人暗中观摩。待龙龙带动香果树枝响，才予发觉。赤狐大仙上前一步，"道是谁来搅和，原是龙龙！不知龙龙何时游到此处，有何贵干？"龙龙道："大仙，别来无恙！众位在此聚会，高兴得很，倒是为何？"赤狐大仙道："龙龙有所不知，得如今国之好政，免围猎之意、赏玩之困、烹饪之苦、家破之伤，苍生得以有幸有运。今乃宇内野生动植物日，各山各水隐士灵物，齐赴野餐嘉会，喝茶发呆晒太阳，聊天叙旧冲壳子[①]！"龙龙笑道："可请我吗？"大仙道："不曾听得说。"龙龙道："我乃国宝，请我做个席尊，有何不可？"

听得此话，一旁豹猫夫人赶忙拉开赤狐大仙，道："误会，误会，此是上会旧规，今会不知为何未请龙龙，后得知因龙龙久藏于远山、居于洞穴，信号难以达到，手机常联不上，故未及时告知！"龙龙道："此言是也，你且放下，难怪汝等。吾至龙池山门近处，才偶有信号，亲朋常联不上，怪罪多时。来得早，不如来得巧，我也赴会。"龙龙遂拿了些百味八珍，佳肴异品，走入长廊里面，莫管他人眼光，独自享受去。

"龙龙，龙龙，你且过来，独自作甚？"大声嘈嘈如急雨，小声切切如私语。听得此言，龙龙转身去，竟惊呆了。何以至此，又见何物，且听下回分解。

---

① 四川方言，意为聊天。

金雕（国家一级重点保护动物）

豹猫（国家二级重点保护动物）

苔藓

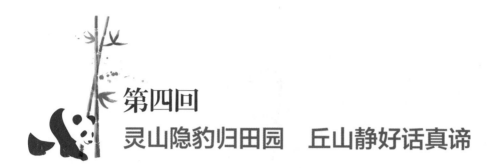

第四回
灵山隐豹归田园　丘山静好话真谛

雪豹（国家一级重点保护动物，食肉目猫科）

却说那日，龙龙听得有人唤他，回首望去，入眼处却是：炳炳纹斑多彩艳，昂昂雄势甚抖擞。坚牙出口如钢钻，利爪藏蹄似玉钩。金眼圆睛禽兽怕，银须倒竖鬼神愁。张狂哮吼施威猛，嗳雾喷风运智谋[1]。原是隐居龙虹山野的豹师帮雪豹大师。此刻悠闲卧于石滩之中，眼神看似慵懒却暗藏锋利，他悠悠地舔了

舔豹爪，似乎对此极为满意。龙龙见此便放下心来，好不惬意地品尝着手中的百味八珍，过了嘴瘾才开口道："原来是雪豹帮主，自从你我多年前灵台山一别，如今再见面，却未想到是在这隐士会上，不知雪豹兄近来可好？"雪豹听此言，道："龙龙兄有所不知，我不当帮主已很多年！"龙龙用兰花指挠了挠

----

[1] 引用自《西游记》第十三回。

头，似有不解，道："这是为何？别拿我开玩笑！"

　　雪豹大师听得此话，倒是欣喜了起来："自那日你我比试，为求祖师教授第七十三般变化，被你萌眼大法击败后，便离了那灵台山，解散了豹师帮，寻得这龙溪-虹口深处，此处生机勃勃，物草丰茂，灵气丰蕴，故决定在此长居。适才听闻龙龙大侠掌管此处，便觉心

喜，你我老友，如今得空，便得好好叙叙。"龙龙闻此言，心下也甚是欢喜，便开口回道："自是如此，忆当初，雪豹帮主只输半招，但信守承诺，隐退江湖，不知近来如何？"雪豹大师道："虽未在朝野红尘，但幸得国宠，现已荣升为国家一级重点保护动物，我的学名叫：*Panthera uncia*，幸甚至极！幸甚至极！"

山莓

空心泡

云杉

龙龙道："近来偶得一句名言'上帝为你关上一扇门，也一定会为你打开一扇窗'，此言用于你最恰当不过。未曾想，多日不见，你也越来越国际化了！"雪豹脸微红，低眉羞涩道："龙龙过奖了！吾之初，爱丘山；思相近，望甚远！误落尘网中，一去三十年。适得与你比试，才有吾之今日，悟得人生之真谛，因为懂得，所以放下。你看我居住之环境：山莓瑶草馨香，红豆碧桃艳丽。崖前翠柏，霜皮溜雨四十围；门外云杉，黛色参天二千尺。双双鸳鸯，常来洞口舞清风；对对山禽，每向枝头啼白昼。簇簇黄藤如挂索，行行烟柳似垂金①。果然不亚神仙境，真是藏风聚气巢。"龙龙道："见此青山绿水，再闻此言，我也是陶醉了，愿此情可以长留，此景可以长驻！"

说及此，龙龙恍然想起那被他损坏的丝带，顿时对手上的百味八珍失了兴趣，对雪豹拱手道："与老哥闲聊至此，我却是忘了一等大事，如今蓦然思及，觉应速速了当的好，省得误了大事。小弟拜辞，待得了空，再与老哥闲叙。"言罢，便匆匆提脚，跳过深溪沟，遁入空山之中。欲知后事如何，且听下回分解。

---

①引自《西游记》第八十六回。

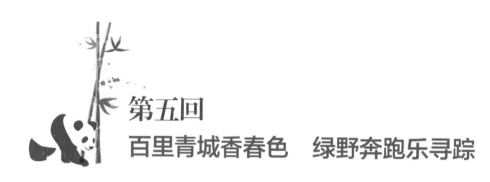

第五回
百里青城香春色　绿野奔跑乐寻踪

　　且说上回龙龙于深山巧遇雪豹大师，与其暂语后，思及被掌劈碎之丝带，又速遁于空山之野，沿白沙河顺河而下，不上二十里，到龙池界磨儿滩水库近处，见自离堆往青城山方向沿路彩旗招摇，鼓声喧天，那里人不分老少，不分男女，都是黄衫短裤，粉面油头，皆在奔跑，正如诗云：春风得意马蹄疾，一日看尽长安花。此马若遂千里志，追风犹可到天涯。

都江堰水利工程

见路旁水青树上有一物，定睛一看，原是一只沟牙龋鼠在对镜梳妆，只见她：发盘云鬟似堆鸦，身着绿绒花比甲。一对金莲刚半折，十指如同春笋发。毛绒大尾向上翘，闪闪小眼显乖灵①。龙龙遂上前行礼且问道："多有打搅，前方人人都在奋力奔跑，可有怪物追来？"沟牙龋鼠答道："非也，此乃自2014年以来，又一届成都双遗马拉松，各路跑团、各色人等欢乐跑进世界'三遗产'赛道，三万余人参加，可谓壮观、可谓精彩！"

龙龙甚为惊叹："三万余人？比我熊猫族十八倍还有余，我区区小族何时能壮大？"沟牙龋鼠道："你看刚从面前跑过的那位老者，他背上写曰'年龄79，我在你前面，生命不息，跑步不止！'不要悲伤，不要叹息，莫愁前路无知己，天涯无处不识君！你乃一国之宝，一国之爱，为熊猫们重建新家园、提升新环境已提上日程，三年后又是一番新天地，咱们赶上了一个幸福的新时代！"

---

① 引自《西游记》第八十二回。

鼯鼠

龙龙听后深感喜悦，道："你身居荒野，何以知道？"沟牙鼯鼠答道："龙龙你有所不知，在中华大地上，乘着改革开放的春风，人们不再以牺牲我们的家园为代价发展经济，我家安居大山，以前每每有人来寻访，我就不得不出去躲避，现在房子周围树更高了、草更绿了、水更清了，以前大家都说我们这儿是穷乡僻壤，现在大家都把我们这儿叫世外桃源！而且，现在人们都轻言细语，谨慎从事，恰如'轻轻的我来了，挥一挥衣袖，不带走一片云彩'。我们家还用上了电视，不出洞穴，便知天下事！这几天，我一直都在关注大熊猫国家公园建设和双遗马拉松的事情，故知道点滴！"龙龙点了点头，道："的确如此，深有同感！"

沟牙鼯鼠见龙龙手上有一丝带，道："听盛林兄说，你甚喜欢围巾，何时独爱丝带了？"龙龙道："承蒙关心，此丝带乃在我地盘上发现，此程专为解此谜底而来！"沟牙鼯鼠拿过一看，笑道："这不是我那日在灌县古城幸福路看巡游时买的杭州产的丝带吗？买回后，打开欣赏时，一阵狂风遮天蔽日，一不小心就被刮走了，寻了几日，终不得见，未曾想吹到你那里去了，也把十年不见的你吹来了，也好！也好！""刚才谁在叫我？"忽听身后传来一阵嘻哈声。龙龙不由得回望。欲知后事如何，且听下回分解。

灌县古城幸福路

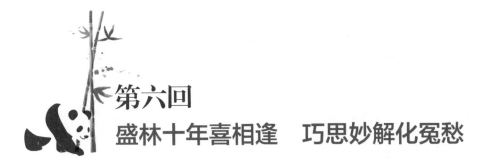

第六回
盛林十年喜相逢　巧思妙解化冤愁

在一个幽僻之亭，忽闻一物呼唤，龙龙遂转身，于昏暗幽邃之间，观审此物：乌金铠甲亮辉煌，黑白丝绦廑穗长。眼幌金睛如掣电，正是山中盛林王。龙龙弯腰徐行几步，定睛一看，愣眼口呆，心中激荡，竟不觉将掌中丝带坠落。

盛林从亭中围栏跃起，不料体庞笨重，骤然摔得仰面朝天，好不欢喜。对视稍愣片刻，忽而捧腹大笑。激动之心稍安后，盛林道："你这呆子，在这里做甚？"龙龙用绵绵熊掌推搡了一下盛林，道："你个酒糟鼻子之徒，自2005年8月回归山林后，我寄往你的书信，你无一回音，以为你又去哪座深山称王去了！"

大熊猫"盛林1号"救助照

大熊猫"盛林1号"救助照

四川羚牛

盛林眉一皱摆手道："此事不提也！因我为第一只入城之熊猫，人们在我上岸之处修了一座桥梁为记，名曰观凤桥。哪知遭了那羚牛王嫉妒，一上山便与我使绊子，那厮把我引到山洞中，其洞深且阻，困我在洞中数日，乃使之未得你惠书！"龙龙闻，愤不已，即道："敢欺我亲家，我必须寻他评评理！"龙龙即欲往羚牛王处，盛林急步跟上。

下坂走丸至山中草茂之处，龙龙与盛林躲于树后窥视，好怪物！你看他：身披挂浓厚毛绒，头稳戴尖角弯犄。四腿如柱稳扎地，体庞脖粗不可觑。目光辣灼圆还暴，牙齿龇咧尖又齐。庞然气势风自栗，世上几物此器宇。

盛林一掌拍在膝上："不妙！我忘了羚牛为群聚之物，彼则多牛，我俩敢往之！"龙龙细思良久，一筹莫展。忽然瞥见丛林之中花开正茂：银叶杜鹃，叶背之毛银白而有光，花托上缀紫粉之花；迎阳报春叶带细绒，花艳欲滴，花柄甚明……花中尤以野鸦椿夺目非常，其花中紫黑之果缀烁，龙龙心念：就是他了！道："盛林亲家，咱哥俩儿多采些野鸦椿碾碎，其味甚臭，必可将羚牛群熏散！"顷刻，龙龙与盛林以熊掌掩鼻用石捣成矣。龙龙即以之投于羚牛群中，果然，羚牛闻其味，皆急四散。

野鸦椿

盛林与龙龙紧随羚牛王，至无他羚牛处，盛林大声呼道："哪里走？"羚牛王初回头，未及定神，盛林便大骂道："你个结心癞！焉敢久困我于洞中？你不就是羡人以我为国宝？唯小人之小肚鸡肠！"羚牛王听其言，忽大笑道："你这呆子，谁知区区一小洞可困你日久？谁羡你为人类之国宝也？吾乃厌恶人类，看你与其亲近，我欲与你一训！"

滚溪沟瀑布

盛林知其自作多情，忽一时无言可对，甚逡巡，便丢了个眼色于龙龙。羚牛王道："你两个何知？我虽贵为国家一级保护动物，人类常寻我之粪，必欲知我族居于何处！欲不利于我族！"龙龙道："原来如此！我往城中闻其人寻山兽之粪，是欲测我类之健康状，你真误人也！"羚牛王先是一愣，继而伴冷吁一声："彼顽之徒，我不欲与无智者言，别在此挡道！"话毕，速离龙龙和盛林，俄而没于林中。"此兄台，你知之甚多啊！"林中忽传此言，龙龙顾见一物。所逢者谁，且听下回分解。

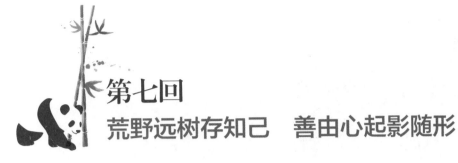

第七回
荒野远树存知己　善由心起影随形

　　上回说到龙龙同盛林亲家智斗羚牛王后，林中忽传声来。"所言者何人？勿匿林中也，快快出来！"林中传来窸窸窣窣之声，龙龙顾见一怪物，只见其发为赭且蓬松然也，素斑托圆目，两耳立且乖，鼻微皤髯，尾深浮于空，其尾绕十二丹环，甚溢灵性，乃此山守护神

灵——小熊猫。龙龙大喜："好小子！原来是你！"小熊猫道："历年未见，你怎生得这般体态？"龙龙道："这些年义竹愈加茂盛且味美，故有此状，此谓意气风发！哈哈，不戏你了，若无事，可否与我归家闲谈？"小熊猫道："走吧，走吧！我甚思幼时常去之处！"

小熊猫（国家二级重点保护动物）

峨眉含笑（国家二级重点保护植物）

绿尾虹雉（国家一级重点保护动物）

　　龙龙随小熊猫翻山越岭，瞬移之间，已于大草坡深处，但见：烟波浩渺，长林丰草，纷红骇绿，如遁入仙境。到后，只见庭中排有众树，树上有缃色锦花，龙龙喜上眉梢，欲采之。小熊猫见此状道："此乃峨眉含笑，为国家濒危植物，'半面羞藏袂，回头懒向人'便是说的此花。"龙龙搔了搔脑袋，低头便见一绿尾虹雉挥翅示意过去，只见其神色凝重，道："小熊猫兄台，你弟已几日未归，吾等众人皆未寻到。"小熊猫双眉紧蹙，道："这顽孩，竟胆大得不知归家了！"龙龙忙道："幼孩皆有玩心，勿怒，我与你去寻他便是。"

花面狸

血水草

鸬鹚

天色渐晚，至龙池岗，月罩古树，树影婆娑，万籁俱寂。龙龙听得远方传来一阵笑声，随其声，至一洞外，洞上有字：响水洞。龙龙与小熊猫探身偷觑，竟听得有声传来："近日有你做伴已大幸！无奈时日不多，不可与你同戏矣。"原来是一只小花面狸，只见他身体局部肿胀，身覆红斑，气息奄奄。"我怎忍心看你死于我眼下，我定会寻得那血水草！"小顽熊将枯枝覆于明火之上，说罢便起身向洞外走去。

到洞口见小熊猫，惊乎："你怎会在此？""你倒问起我来了，你这几日皆未归家，众甚忧啊！""我的小伙伴被毒蛇咬了，我要照顾他，故未归家，方欲觅解药，你们可知何处有血水草乎？""我知一大师，他定有血水草！你们在此，我速去速回。"龙龙说罢便至南岳采药大师处，以一龙池牌红豆换得储藏甚久的血水草。龙龙飞速回到山洞，将此物捣烂，兑水将它敷于花面狸伤口处。"敷了此药，就无大碍了。"小熊猫眉心舒展，甚是开心。龙龙与众山灵同在小熊猫家中游玩几日后，闲聊中听得鸬鹚提起铁杉包近来怪事频发，拜别后孤身前往探寻。欲知后事如何，且听下回分解。

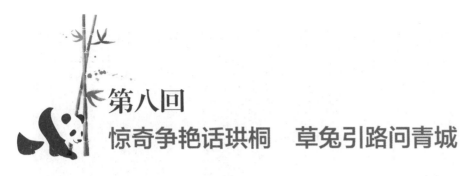

第八回
惊奇争艳话珙桐　草兔引路问青城

且说龙龙拜别小熊猫，一路往西南方而行，沿途绿树成荫、枝繁叶阔，间或微光几许，奈何曲径通幽，双臂渐凉。抬头见"青城山"三个大字金碧生辉，自忖："常闻青城山气候湿冷，今日于此，方知所言不假。虽未细雨纷飞，然梅颤枝头，倍觉春寒料峭，果不虚度假胜地虚名。"行不多时，只见一树叶片如小扇而左右成列，气质罕见。云雾袅袅处，竟现成群之白鸽，立于大树枝头。龙龙身临其境，好不欢喜，此处不仅人迹罕至，风景独到，抬头隐天蔽日，脚下灌木丛生，怕是神仙都向往。

珙桐（国家一级重点保护植物）

草兔

龙龙观赏之余，大步流星，哼起《我的祖国》，激昂处却惊出灌木丛中一草兔，只见她：缺唇尖齿，长耳稀须。团身一块毛如玉，展足千山蹄若飞。直鼻垂酥，果赛霜华填粉腻；双睛红映，犹欺雪上点胭脂。

草兔见有生人靠近，几欲行走，龙龙将她叫住："顽兔，你跑甚？我又不吃你！"这山跳子速度惊人，定罢未及转脸，近乎撞到崖上一棵大树上，忆起古人"守株待兔"一说，捧腹大笑。龙龙见那树上之白鸽不为所动，问道："怪哉，偏偏你胆小，这树上的鸟，都成仙了不成？"草兔亦笑道："鸟在何处？

你且走近些吧。此树学名珙桐，非此深山绝境，恐不得这般荣茂光景。又因花似白鸽，别名'鸽子树'，怪道你看错了眼。""原来如此，真真奇绝壮绝！你又为何深入此地，身边却无一姊妹弟兄？""如今城镇发展，草木凋敝，兼有居民猎捕，若要自在些，再无更好去处。"草兔叹道。龙龙闻之，捶胸顿足，连连叹息："惭愧吾身为国宝，得龙虹山之庇佑，却难为各族动物谋福。""兄台不必自责。但求一方安定，不再为外界纷扰，我等此生足矣。"草兔道："兄台既至此，不如随我去个妙处，但凡人烟不及处，不得一遇也。"龙龙转悲为喜，便与草兔欣然前往。

青城后山五龙沟

　　经飞仙亭、飞仙观、响水洞、白石礁、金鞭亭、八卦台、贡茶亭、迎仙亭、三龙亭等众多景点，沿山道而行，所到之处山花烂漫，飞瀑流泉不绝；峭壁悬崖，天光云影一线；忽而栈道逶迤曲折，不见头尾；忽而村落群山环抱，绿草如茵。正如亭上有联：五岳归来不看山，青城归来不看岳。

　　龙龙放眼望去，心生好一番趣味，忙摩拳擦掌，左攀右跳，已觉此处更与别处不同。草兔已然立其身后，见其痴样，挑须笑道："呆子，这般便痴了，可还一探究竟？"要知龙龙又有何奇遇，且听下回分解。

第九回
五龙宝地会猕猴　道问福祉动灵心

上回说到龙龙回过神来，匆忙跟随草兔溯沟而上，所到之处峰峦叠嶂，岩耸谷深。山前日暖，有三冬草木无知；岭后风寒，见九夏冰霜不化。深潭接涧水长流，浅穴依崖花放早^①。龙龙见曰：

"草兔妹妹，此地是何处？"草兔道："此沟乃五龙沟，因传说古时有五条神龙隐于沟中而得名。五龙抢宝、白龙吐水、水映彩虹等景观点缀其间，蔚为壮观，可谓佳山仙境！"龙龙听后言："美丽至极！美丽至极！"

---

① 引自《西游记》第三十回。

草兔道："别只顾赏景，我们还要去见一位故人。"龙龙道："有劳草兔妹妹，请前方引路！"不多时，他们便行至一洞前，上曰：桃园别洞。草兔道："就是此处了！"尚未言毕，只听里面传出一声："草兔妹妹，欢迎光临寒舍，有失远迎，还望海涵！"草兔道："还未进门，主人鼻子尖，倒先出来了！"龙龙听闻，只见一毛色灰黄、尾巴蓬松之猕猴攀岩越壁，跳至眼前，身姿好不矫健。龙龙仔细打量：毛脸雷公嘴，朔腮别土星，查耳额颅阔，獠牙向外生，也是孙悟空五行山出山样。

草兔介绍道："六耳猕猴，这是龙龙，快来见过！""龙龙，久闻大名，今得一见，果然名不虚传！""过奖，过奖！"龙龙一看到他胸前徽章，甚是面熟，走近一瞧，不由大笑。猕猴不解，问道："龙龙为何发笑？"龙龙道："你看徽章上写的是什么？""大熊猫国家公园都江堰管护总站，熊猫家园啊，有何不妥？""猕猴兄，可知我从哪里出名的？"猕猴挠了挠脑袋，似有顿悟，道："原来还是邻居！君住山头，我住山下！以前少有往来，相逢如初见，回首是一生，以后多联系！"猕猴拿出手机，道："这是我的微信二维码，扫一下，加个好友！"龙龙拿出手机扫了一下道："手机真是高科技，现在不用下山，就可知天下事！"猕猴道："甚是！以前我觉得只要有人赠送花生、玉米，吃饱穿暖，便觉得拥有了全世界！哪知，手机里能了解更大更远的地方，看到美国公布对中国的关税清单，当天下午中国立即公布了对美国的关税清单，足不出洞，便知天下事，世界已成地球村了！"

猕猴（国家二级重点保护动物）

青城山月城湖

　　龙龙道："我也有同感，我们的祖国从站起来、富起来，到强起来，对我们而言亦如此，动物家族有信仰，护林爱林有力量，青山绿水才有希望！"猕猴道："听说在大熊猫国家公园勘界规划里，青城后山部分区域也被划入，一想到家园扩大了，忍不住跑过来先熟悉下环境！"　龙龙道："刚才我还纳闷你怎到此一游，听你言豁然开朗，大美青城，随你遨游！"　猕猴道："你是为何而来呢？"龙龙道："闲聊中，听得鸬鹚提起铁杉包近来怪事频发，在龙池山上探寻得知此处有线索，故来此探究！"猕猴道："我亦是为此而来！"欲知后事如何，且听下回分解。

第十回
众灵共商地球日　福豹归乡遇故人

　　且说龙龙拜别猕猴，至青城后山，曲水溪桥入目，潺潺妙语入耳。天气微凉，雨点斑斑，冽风袭面。龙龙见雨渐大，寻得一木屋，入门处立一木牌，其上刻有众字——珍惜自然资源呵护美丽国土，讲好我们的地球故事。龙龙循声入门，房内闹哄哄，众人皆席地而坐，捧腹大笑。龙龙环顾此地，倏而一物从天而至，吓得龙龙一激灵，好一标致灵物，但见她：身似覆锦缎，其上点珍珠。微躯伴细爪，项镶多血斑。体态之亭亭，振翅舞翩翩。秀羽会乘风，风流犹自美——原来是红腹角雉。

红腹角雉（国家二级重点保护动物）

龙池湖

连香树（国家二级重点保护植物）

红腹角雉见龙龙满脸疑惑，上前道："兄台面生，来此地有何事？"龙龙道："吾自龙虹山保护区来，路过此地。尔等在此做甚？""吾等皆因世界地球日在此相聚，偷得几日闲，共赏碧水青天，共论环保之事！""原来如此，吾可同尔等共享闲情？"红腹角雉张其羽，道："若有此闲情逸致，随吾去游青城后花园吧！"龙龙喜上眉梢，紧随其后，至山深处。红腹角雉停于一枝桠，道："此乃连香树，为国家二级重点保护植物，秋时绯红满叶，色映冷溪，当真是美妙绝伦！"龙龙抬头观望良久，道："待到秋时，定来一探芳容！"

再往里去，烟雾飘渺，如游仙境。"此地清气满山，古木参天，花红柳绿，当真是个养生的好地方啊！真是不枉'青城天下幽'之美誉！""那可不是！昨日，我去大观熊猫乐园探望'福豹'①，跟他闲聊许久，说起奥地利总统范德贝伦、前总理库尔茨及多位部长组成的代表团参观中国大熊猫保护研究中心都江堰基地，专程去看了他，他喜不自胜！"

①福豹是曾旅居奥地利的大熊猫。

　　龙龙惊叹："真是替福豹深感荣幸！时隔数年，福豹与久别重逢的老友见面，想必定是乐不可支了！"红腹角雉回道："都江堰的魅力当真是愈来愈大了！生在都江堰，真是让我倍感自豪啊！我等齐心保护好一山一水！""幸福是靠奋斗出来的，真是个奋斗着的好青年！"树后传声过来，龙龙抬头望见一物。所逢者谁，且听下回分解。

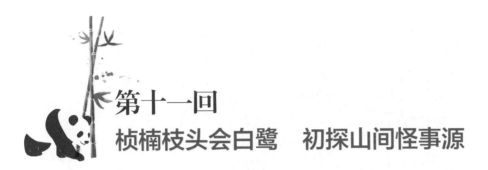

第十一回
桢楠枝头会白鹭　初探山间怪事源

上回说到龙龙正在畅谈之际，似有耳语传来，便循声而去。行不多时，见不远的山丘上巨树生长，比肩连天，枝叶繁茂，数十围群，又有几多白鹭仙子栖身枝头，正如诗云：雪衣雪发青玉嘴，群捕鱼儿溪影中。惊飞远映碧山去，一树梨花落晚风。

桢楠（国家二级重点保护植物）

白鹭

红腹角雉

龙龙见此景，不由问道："不知那是个什么林子？竟引无数白鹭仙子栖身？"一旁的红腹角雉忍不住掩口而笑，指了指远处林子，又忍不住弯了两指轻轻敲了敲龙龙脑门，道："龙龙你宅在深山幽谷许久，不知年岁也罢，难不成还成了山顶洞人？你说的那林子名桢楠，是我大中华黔、蜀特有的奇珍之木，且又是国家二级保护植物。自是生得高大修长，略近便可闻其芬芳。结根幽壑不知岁，作宇由来称栋梁，古来是良材，那白鹭栖身于此便也不甚奇异。"

龙龙甚是羞愧道："倒是我孤陋寡闻了，你也同样久居深山，又从何处知晓这般知识？""嘿嘿，我也不是生来就博闻强识，上次在壹街区放风筝后到图书馆，偶翻得·植物图书而得知。说到这桢楠，可不止白鹭相陪呢，你可曾听过黑壳楠？"龙龙搔首道："这个自是不知，且讲来听听！""黑壳楠又名楠木、八角香，早在《全国中草药汇编》就有记载，此物祛风除湿，对风湿麻木疼痛皆有奇效。"龙龙忍不住拍掌道："我大青城虽树木茂盛，终年青翠，可湿气厚重，平均相对湿度81%，此物可大有裨益呀！"

青城山大门

"红腹角雉，你说这白鹭仙子常栖于此，定是熟悉周遭情况，咱俩何不上前问问？"话未毕，白鹭便道："龙龙，方才听你们谈起福豹，深有同感！"龙龙回望来时方向，据此五里有余，不解道："这可怪了，相距甚远，白鹭仙子何以得知？"白鹭道："我祖辈世代居于此、长于此，每当山门口建福宫香烟四起时，便盘腿坐起，吐息修炼，早已能耳听八方，并在无意中练成传音入密上乘内功，适才'幸福是靠奋斗出来的，真是个奋斗着的好青年'，便是我用腹语传给你的！"

龙龙甚是诧异，忽回顾，却见红腹角雉侧耳伏地倾听，对龙龙摆了摆手，起身向一白鹭栖身桢楠走去，且行且曰："白鹭仙子身居高处，可否劳烦仙子抬眼望望三百步外是何物疾行？"话刚落，只见白鹭振翅一个回旋便到了树顶，顷刻又回到眼前，道："只隐约见是一通体黑白之物，与龙龙无异，往四川外国语大学成都学院方向急急而去！"龙龙道："青城山坝区除熊猫乐园外未有大熊猫发现，不知是何方神圣，待面见后定要严查细问！"欲知后事如何，且听下回分解。

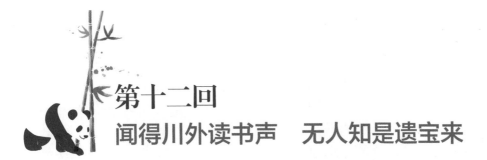

第十二回
闻得川外读书声　无人知是遗宝来

　　且说那日龙龙听得白鹭言，于是拜别白鹭后沿省道S106线疾驰而去。不久，来到一处门前，上书曰："四川外国语大学成都学院"。只见它：外厢尤可，晓来鉴气连天白，雨后山光满色青；入内惊人，教同化雨绵绵远，泉似文澜汩汩来。龙龙自叹道："圣人教化育人之地果然非同凡响，哪如我辈技艺全靠遗传和荒山学教，甚难胜出！"

行至西大门，龙龙遥见几注泉下有鲤鱼戏水，满心欢喜，远望"水光潋滟晴方好"南湖风景正入迷，忽闻图书馆内一阵怪异之声传出，细听之下倒是像极了龙池怪声。于是，忙收敛了声息，蹑着手脚走向声源。来到窗下，抬头望，却着实将龙龙吓了一跳：好家伙，眼前这物体态浑圆，通体黑白，一双炯炯黑黛眼，脚蹬四只锋利足，好似自己。忽然，那物抬头，望望你，望望我，捏捏鼻，摸摸耳，扯扯毛，甚是好奇。

龙龙见状，前足环腰，后足盘腿："来者何物，为何与我一模一样，莫不是也学成了齐天大圣的拔毛幻物之功，让你在此逍遥撞骗？"对方听闻此言，狂笑不已："听闻龙龙学富五车、才高八斗，却不知我姓甚名谁，可笑可笑！"龙龙不解道："愿闻其详！"那物道："我名唤遗宝，2000年因饥饿闯进本地农户家中，恰逢都江堰市申遗年，因而被命名为遗宝，都江堰把我看作是青城山－都江堰申报世界文化遗产的形象代言人！后来，我被送往卧龙国家级自然保护区，因思念家乡，故回来瞧瞧是否花开月正圆，莺飞山正青！"

大熊猫"遗宝"救助照　　　　　　　　　　　花面狸

龙龙道："原是遗宝，我有眼不识泰山，还望海涵！有道是'人言落日是天涯，望极天涯不见家；夜来有梦登归路，不到桐庐已及明！'"遗宝道："心若在此，不曾离开，即已归来，便是归隐。无意中在青城山门口听见几个外国人在说话，一句也听不懂，想到'金宝宝'、'华豹'等同胞们都在积极走出国门，再想到都江堰正在积极推进国际化建设，我也是国宝，当然不能落后啦！我曾日日在龙池跟着收音机苦练英语发音，那发音就是拗口，之前我一练习，周围豪猪、隐纹花鼠、毛冠鹿、花面狸等皆用虎耳草、紫花地丁等塞住耳朵，并多次到雪豹大人府上投诉。后雪豹大人听闻青城山下有可深造之处，便荐我下山求学，这不，我已经读到英语提高班了！"

龙龙听后道："原是如此，周围邻居哪里听过外语，想必龙池怪声便是你学习外语之声了！"遗宝摸了摸脑袋，不好意思道："多有打扰，多有打扰！"不觉，经弘毅苑、竞芳苑，来到团结路英语角，只见一幅标语横挂空中，见龙龙不识，遗宝道："学院开设有日语、德语等 15 个外语语种，这乃学外语的口语练习之地。经过多次交流，我口语能力渐有所涨，不如我来讲几句与你听听：Hello, my dear friends from all over the world, welcome to Dujiangyan（大家好，来自世界各地的朋友们，欢迎来到都江堰）。"龙龙现已了解龙池怪异声之谜，心下遂宽，见遗宝陶醉其中，不忍打扰，遂留下告别纸条，怡然退去。待遗宝回神，只见告别纸条上言："You impress me a lot and I will give you a gift（你让我印象深刻，我亦有惊喜告知于你）。"

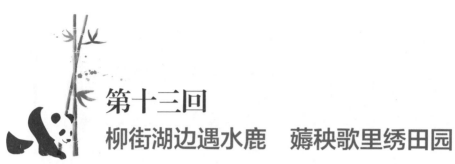

第十三回
柳街湖边遇水鹿　薅秧歌里绣田园

话说龙龙探得铁杉包近来怪事起因，自大观沿成青路前行，沿途不禁为各色庄园洋楼兴叹：我家住龙池山，岁月无声，山下人家却早已是丰年人乐业，陇上踏歌行。龙龙过处，鸡鸣狗吠、鸟飞人驻，经安龙，过柳街，正欲过桥，听得左前方传来一阵嬉笑声，急忙止步，远远看见河中栖息着一滩白鹭：朝别朱雀门，暮栖白鹭洲。"岷江"渌水多，顾影逗轻波。白鹭见有生人靠近，欲展翅离开，龙龙见状道："各位莫怕，不知可曾听闻谁在嬉笑？"一白鹭道："水鹿日日在唱歌，也不知他在念甚，你可前去瞧瞧，他如今就在那青城湖边。龙龙听罢，旋即提脚前往一探究竟。

水鹿（雌性，国家二级重点保护动物）

水鹿（雄性，国家二级重点保护动物）

待龙龙来到青城湖前，只见岸芷汀兰，郁郁青青，沙鸥翔集，锦鳞游泳，当真是桃源之境。龙龙驻足于湖边，看那野草芳菲，正心旷神怡之际，闻得一阵嬉笑声从草丛中传来。龙龙循着音源，行至一香果树旁，只见几只动物：似马鹿非马鹿，头着眉枝单门冠，身披黑色长毛衫，壮有四肢力矫健，细长獠牙没唇间。龙龙想这便是白鹭说的水鹿吧，上前道："水鹿兄，你们在笑什么？"一水鹿见是龙龙，道："大哥、二哥，快来看呀，大熊猫龙龙来看咱们了！"其余几只水鹿便纷纷前来，并在龙龙身上到处嗅，弄得龙龙浑身难受，道："别嗅了，别嗅了，痒死了！"一水鹿道："龙龙，你不去过衣来伸手、饭来张口的日子，怎么跑到柳街来了？"龙龙把前后缘由讲给他们，听到高兴处，笑声惊起湖面野鸭、翠鸟无数。

龙龙问道："不知几位是从何而来，所为何事？"一水鹿道："我们皆来自龙池深山，大哥在浏览新闻时，看到近来柳街变化甚大，一些杂草丛生的院子通过环境整治，变得整洁、优美。过去大人不愿进，小孩不敢进的林盘成为人民群众休闲纳凉、谈天说地的好去处。再看看我们山上的环境，我们是国家二级保护动物，不能有等靠要的思想，幸福都是奋斗出来的，我们要挽起袖子加油干，自己改善环境，所以就来学习柳街经验了！"龙龙道："那不知你们看后收获如何？"一水鹿道："我们不仅学习了黄家院子等好的做法，还学习了水月社区的民俗发展，学会了四川非物质文化遗产柳街薅秧歌，品尝了难登大雅之堂但却走心的猪圈咖啡，收获满满！"

省级非遗柳街薅秧歌

　　龙龙道："看你们这么高兴，来两句薅秧歌听听！"一水鹿道："刚学会，那我就献丑了，你站在我左边听！"说罢，便开口唱到："黄鳝出洞尾巴摇，你唱秧歌我来解，天上唱完唱地下，一家一家唱起来。今天不是我吹牛，如今农民有奔头。瓢儿刷把唱新曲，生活富美数一流……""好听，好听，唱出了当今百姓的幸福感和新生活！"　龙龙抬头见已是夕阳西下，柳街金色笼罩，光影斑驳，植被婆娑，好一个世外桃源。"一个人只拥有平淡生活是不够的，他还应该拥有诗意的世界"，远处一个声音传来。欲知后事如何，且听下回分解。

第十四回
倾世皇妃谈花蕊 椒麻香里品乡愁

上回说到龙龙正在欣赏柳街晚霞时，远处似有人对他说话，便沿玉沿路一路前行，来到一处牌坊前，抬头看：雕工细腻呈才艺，画技高超绘堰工。彩凤祥云飞翅展，双双石狮静威武。中间书"花蕊故里"，左书"古青城畔"，右书"田园金羊"，十二个金色大字，在霞光下熠熠生辉。花蕊，何许人也？被在此立坊纪念。揣度间，只见一粉衣姑娘飘然而至。

龙龙上前道:"打此路过,这厢有礼了,不知此地是何处?花蕊谓何人?"只见她噗嗤一笑,道:"少无适俗韵,性本爱丘山。久在山崖里,复得返平原。你独爱竹子,哪食人间烟火。龙龙,等候多时了!"龙龙道:"愿闻其详!""早听遗宝讲,都江堰有一熊猫界的名熊到青城山来了,昨晚看新闻,果真如此!料你会经过此地!"龙龙听后道:"看来还真是人未至,声已到!独得抬爱,惭愧惭愧!""不知龙龙可有收获?"龙龙道:"下山几月余,已究怪事源!""恭喜恭喜!""你们聚在此是为何事?"

粉衣女子道:"还是先回答你刚才问的花蕊是何人吧。花蕊夫人本名徐慧(公元 926 年—965 年),五代十国时期女诗人,今金羊村人。幼能文,尤长于宫词。得幸于蜀主孟昶,赐号花蕊夫人。传奇人生可谓命运多舛、红颜薄命,享年仅 39 岁。世传《花蕊夫人宫词》100多篇,其宫词描写的生活场景极为丰富。"龙龙望着眼前牌坊,不仅感慨道:"百代虚名烟雨中,承恩绢碎早随风。云浮碧柳相思在,日煦青阶故梦空。彩凤泪痕湮古月,功名旌影照归鸿。闲看菡萏池间静,不语清芳岁岁融![1]牌坊不仅是一种装饰和模式语言,也承载着一个个动人的故事,蕴含着一种独特的文化精神!"粉衣女子道:不愧见识广,出口皆文章!"

---

[1] 引自水天一笠翁所写《题歙县鲍家石牌坊》。

龙龙又道："花蕊自是红颜多薄命，不过这与你们在此有何缘由？""石羊，不仅是花蕊夫人故里、古青城县遗址所在地，而且还是全国优质川芎产地。我们聚集于此，正在排练《花蕊恋》实景节目，估计你也听到了，我们想让后人记住在这方山水还有此才情才女，更是打造石羊新名片！"龙龙道："原是如此，有劳你们了！我还要赶路，就此告别。"见状，一直在旁凑热闹的哈士奇忙道："走过路过别错过，龙龙你既已到石羊，何不在石羊的街头走一走，感受一下石羊的过往时光，并为石羊的跛子鸡、辣兔头、辣豆腐代言，直到所有的灯都熄灭了也不停留！""传统的，就是民族的；民族的，就是世界的。一直在寻思大家为我付出太多，长叹无以回报，那就从这里开始吧！"龙龙道。欲知详情如何，且听下回分解。

第十五回
黑熊出没赵公山　齐心寻得五灵脂

话说龙龙到花蕊故里街口，那里正在两街做买卖的人们见他过来，一齐鼓掌，整容欢笑道："熊猫来了，熊猫来了！"须臾间人就塞满街道，慌得龙龙勒脚难行，唯闻笑语，沿路品尝，不久肚子滚圆，便别了石羊人家，沿中崇路前进，不上一二十里，却至赵公山中。在马家沟深幽涧边，只见：和风吹柳绿，细雨点花红；鳞叶龙胆花是渐之蓝紫瓣，亭亭净植，花心之纹绮，花褶分明；宝兴百合花体微垂，恍若在低头笑，花瓣向花梗微卷；几无叶柄，带明黄色之丽

蕊，美丽至极！

正赏盛景，涧边丛林中忽有窸窣声，一团浑圆漆黑的大怪物从腺果杜鹃后跳出，龙龙不觉打了一寒颤，倒退一步。那怪物大呼之："龙龙，莫怕，我非恶意，来找你是有要事！"龙龙闻其言，驻足转过身来，视此巍巍，原是号称"黑瞎子"的亚洲黑熊。你瞧他怎生模样：凛凛身膀披挂黑袍，灼灼小眼缀闪银光；胸纹白色新月之斑，头挂机敏蒲扇般耳；头堆蓬草鬟挂苔藓，四柱乱绕杂顽藤萝。

鳞叶龙胆

宝兴百合花

亚洲黑熊（国家二级重点保护动物）

　　龙龙忍不住笑出声来："你这厮莫不是想下山去看世界杯，怕赶不上时间了吧？"黑熊搔首说："龙龙你莫要打趣了，我听闻你遍访都江堰，深山闹市你皆至也，识见甚广，我是有急事相求！"龙龙正色道："是为何事你尽管开口！"黑熊小心翼翼地从背之破包里摸出一物，状如笋者，赤色，道："我听闻你喜食竹笋，赤色之笋稀罕吧？你先收下。"龙龙肃之言道："现今反腐倡廉，这风怎可了得！"龙龙继而言："此物乃虎杖，考证于李时珍之《本草纲目》中——杖，言其茎；虎，言其斑；其味酸脆，与竹笋大相径庭！"龙龙见

黑熊微垂首，道："罢了，我非故欲责你，有事则开口便是，别来此套做派！"黑熊闻龙龙言，甚是愧谢道："我儿上月在自然保护区擅自穿越，不慎摔伤，家人急欲催我寻'五灵脂'为儿治病，我全不知此物，故欲打听于你！"龙龙忽而愣住，道："你可真把我问得答不出！我亦不知其为何物，不过我知此物似与鼯鼠有关，可前去问之！"黑熊眼中闪光，道："如此甚好！我们该于何处寻得鼯鼠？"龙龙道："我早前在东山头见过鼯鼠之堆泄物，鼠洞往往驻扎于其周围，我带你前去！"说罢，二者疾步前往。

绒叶木姜子

金脉鸢尾花

　　顷刻，至一株高达 10 米的绒叶木姜子树下的金脉鸢尾花旁发现鼯鼠痕迹。黑熊催问龙龙："全然不见鼯鼠迹，该如何是好？"龙龙道："你这呆子，莫着急，鼯鼠为昼伏之物，待天色稍暗，自会见其身！"龙龙与黑熊于其处等久，终见：熠熠霞光渐湮，山头烁星隐现；莹月掩斜阳，兽群归家双双。

　　忽一团皮褶松软之物，飞也似的从一个洞里窜出，龙龙大呼道："鼯妹，请留步，向你打探一事！"鼯鼠驻足一看，道："是龙龙啊！至上回龙池磨儿滩水库一聚，久不复见，有何事？"龙龙道："五灵脂你知为何物？黑熊急需之，然而我寡闻，只知此物似与你有关！"鼯鼠歉然道："你二者是以我之粪寻得我

鼯鼠

乎？"龙龙点头，鼯鼠道："我之粪即'五灵脂'。"龙龙与黑熊皆怔住，继而大笑。欲知后事如何，且听下回分解。

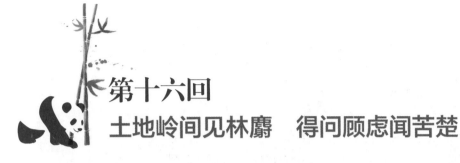

第十六回
土地岭间见林麝　得问顾虑闻苦楚

且说那日龙龙与黑熊在鼯鼠处寻得"五灵脂"后,一同经汤家沟沿沟而上行至土地岭。只见此间云雾缭绕,重岩叠嶂,四面茂林环合,青树翠蔓,蒙络摇缀,参差披拂。龙龙大喜:"我虽就在山中,可也少见这清丽之景,若不是今儿得了空,也不能瞅见这山岚与这欣之景。"黑熊听得此言,嗤笑出声:"龙龙只怕是洞中久眠,未得早起,所以不曾见,我终日飞崖走壁,盘桓于茂林深山之中,此等景色自是习以为常了!"未及黑熊说完,只闻得一株香叶树下的茂草间传来窸窣声,龙龙与黑熊皆是大喝一声:"何物在此作祟,还不现形!"

茂草间一阵窸窣,接着只见一物:大小如羊,头无鹿冠。一眼看去,四肢虽生貌不一,前短后长矫健足,双耳耸立听八方,若言其为呆萌相,偏生一副懵懂样。

龙龙自认见多识广却也是目瞪口呆,睁大了眼问道:"何物,何物,我未曾见过。"黑熊也是一个劲晃脑袋:"奇了奇了,未曾过,未曾见过!"在龙龙与黑熊皆是诧异之时,那物却是缓缓开了口:"莫不是我这长相吓了两位,着实是惊扰了,还望海涵。"龙龙挥了挥手:"看你是一斯文人士,倒是我们以貌取人,还望见谅,不知可否告知你是何物种,也让我等长长见识。"那物

林麝（国家一级重点保护动物）

林麝

低头羞涩一笑："我本名林麝，又被唤作森林麝、林獐，只因下腹产麝香，旧时常被人类追捕以获得此异香，所以便得了这胆小的性格，少有外出，恐被人捕获了去，如今虽得了国家一级保护动物的名头，但还是日日谨慎，不敢懈怠，不识我却也是极为正常的！"

龙龙与黑熊相视一眼，不禁为其叹惋，黑熊挠腮道："我终日行踪不定，未曾有此烦恼，倒是如今得知，反觉这安逸生活有些惭愧。"龙龙闻得此言，忙对林麝说："林麝兄不必有此顾虑，如今你得了国家一级保护动物的名头，众人是会保护你的，若是以后再遇上那等被残害之事，大可告知大熊猫国家公园都江堰管护总站的巡山人员，他们定会为老兄撑腰！"

林麝闻得此言，激动之情溢于言表："若真是如此，那便是极好。我祖辈因为逃避人类追捕，朝晚觅食不过三刻，这山中美景亦是少见。如今，我本性虽一时难改，免不了依旧会草木皆兵。但也想学学二位，行到水穷处，坐看云起时，方不辜负这良辰美景。"龙龙正襟危坐："你大可放心去，若有急事，就打我手机。"林麝忙作了个揖，与龙龙及黑熊匆匆拜别，矫健跃入冷箭竹丛中，一会便没在了山林涧溪。待龙龙与黑熊目送林麝至消失，黑熊道："走了走了，咱俩还有要事未做呢！"欲知后事如何，且听下回分解。

冷箭竹（大熊猫主食竹）

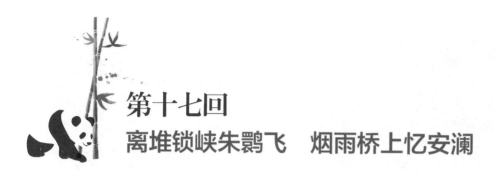

第十七回
离堆锁峡朱鹮飞　烟雨桥上忆安澜

却说龙龙与黑熊待林麝离开后，沿青城大桥、奎光路、公园路行至南桥广场银杏树下，环望四周，人来人往，好不热闹。门童见是龙龙，急忙引入门内，道："难得有幸，可逛逛古园！"龙龙从一牌匾得知，此处乃离堆公园，宋代名花洲，清末改为桑园。天府源头水，先贤治水功，匆匆一眼堰功道，千年贤人雕像静默于此，千年张松银杏旁间置，好一个历史博览园！龙龙和黑熊上台阶，

降伏龙，正在宝瓶口感叹李冰智慧时，只见一物从玉垒山间飞出，顷刻停于眼前枝头，不待他们回过神来，便开口唱到："有鹮唤朱，与子邻宿。朝昏啁啾，不日而语。春来庭花，夏鸣飞雨。羼洹若流，工与丝素。似急而营，如醉欲沾。即縻即芜，有会兰盂。卿欲动歌，我能所入。非为贺歌，只缘月渚。何风来仪，移梦如酥。清水涤羽，河风洗固。随色而遇，入云而御。秋心一曲，共尔环宇。"

离堆公园

朱鹮（国家一级重点保护动物）

龙龙正诧异间，黑熊上前道："朱鹮妹，好久不见，久等久等了！"黑熊见龙龙痴呆样，忙道："看你眼神，似有不解，且听我道来！"龙龙道："甚好甚好！"黑熊道："此鸟名曰朱鹮，她是比人类历史还要久远的'古老之鸟'。1960 年，第十二届国际鸟类学委员会大会将其列为"国际重点保护动物"。1981 年中国鸟类专家在陕西汉中市洋县发现了全球最后 7 只野生朱鹮，通过努力，如今已繁衍至 2000 多只，这多亏了保护人员的共同努力和不断坚持！"

龙龙道："朱鹮，我在保护区这么多年，怎么没见过你呢？"朱鹮道："常言道，莫愁前路无知己，天下何人不识君！如没记错的话，你应该是龙龙了。我因常年在陕西汉中，从网上了解到都江堰这个旅游胜地，故飞越崇山峻岭来此一览芳华！前几日夜歇时，听鼯鼠提及黑熊兄危难处，知黑熊兄要完全发挥五灵脂功效，必还需一味引子，故在此等候！"黑熊忙道："有劳朱鹮妹妹了，不知引子为何物？"朱鹮道："就是你们眼前这千年岷江水了，因其含有丰富的矿物质，故可做引子入药！"黑熊道："原是如此，十分感谢了！"于是，一同取水后便欲离开，朱鹮道："既来之，则安之，何不同往欣赏灌阳十景？"

龙龙、黑熊和朱鹮谈笑赏景好不快活，行至夫妻桥处，龙龙好奇问道："此桥何名？为何皆以绳索系之，且缀以红绸绣球，走之晃荡，却引得游人心向往之，覆足其上，好不快活。"朱鹮颇为自得道："此桥名为'安澜索桥'，又唤'夫妻桥'。""此桥为何又唤作夫妻桥，可是有何缘故？"龙龙追问道。朱鹮道："清嘉庆年间，渡口翻船，一百余人葬身鱼腹。私塾先生何先德夫妇研究钻研，多方募集资金建桥，后何先德因被诬告含恨九泉。何妻强压悲愤，继承夫志完成修建。桥上横铺木板，竹缆为栏，行走平安，故名安栏桥，后改安澜桥，取不畏波澜，安然过江之意。人们为感激何先德夫妻的功德，又称其为夫妻桥。"龙龙听闻后感叹万千："这桥非桥，倒似何先德夫妇的品德，虽经风雨，且韧且长！"

安澜索桥

宝瓶口

灌县古城

　　一行行至玉垒阁，便觉视野开阔，神清气爽。朱鹮道："此玉垒阁乃都江堰景区最高点，站在此处可观都江堰之全貌。"目及远处，黛山成片，形似万重山，重重叠叠，万物归于微小，山岚雾霭，如是仙境。龙龙大喜："古有范仲淹登岳阳楼不以物喜，不以己悲，今有吾等登玉垒阁，心旷神怡，悲喜皆忘。不是先贤遗赠，孰能轻举远游。朱鹮飞苇荡，日月入江流。安澜灵均去后，匆匆千载春秋。故人乘鹤去，往事史笺留！"黑熊道："看来今日古园行，龙龙感悟颇多啊！"欲知后事如何，且听下回分解。

第十八回
归途庙沟惊黄鼬　一误方解一误生

　　且说龙龙助黑熊寻得五灵脂，与朱鹮登玉垒阁揽天府盛景，感言片刻，即对黑熊道："既得引子，快回去为令郎疗伤才好。"遂谢别朱鹮，又向原路折返，艰难行至山王庙沟，这一路苔痕密布，落叶成泥，好不吃力。奈艳阳高照，黑熊眯着小眼，俄而四爪扶树，俄而撅鼻四嗅，一副憨态惹得龙龙笑出声。龙龙道："不如熊老弟挽着我，直立行走可好？"黑熊虽尴尬，亦觉别无他法。正

欲伸爪，谁知踏上一棵倒下的干枯水杉树，黑熊身子一翻，惊出一阵尖锐微小的"咔咔"声，仿若人打喷嚏。

　　龙龙见状况不妙，正欲拉黑熊一把，忽而一股臭不可忍之气味传来，黑熊忙道："掩住口鼻！"龙龙虽以双掌覆面，头已微微昏沉。黑熊无恙，却听得一阵窸窣声从远处传来。道是何物：平颌窄颊如墨，目圆耳短色呈黄。足短尾长体瘦削，江湖人称"黄鼠狼"。

黄鼬

无柄杜鹃

　　这身影窜至龙龙眼前，尖声叫道："我才觅食回来，你们就来欺负我孩儿！"抬起尾巴，又欲喷出臭液。龙龙忙道："误会误会……"然臭味弥漫，尚未说完，龙龙已头晕目眩。黑熊一直紧捂口鼻，躲过此招，装作晕倒过去，寻思着："住在这山区倒木下，又以臭气制敌，想必是黄鼬了。黄鼬五月产仔，现过了哺乳期，如此护子心切，与我家孩儿他娘真一般无二。"

　　黑熊掩住鼻子，见黄鼬欲催促小黄鼬赶路，另寻安全之处，欲把误解化了，便扶着身旁一株无柄杜鹃道："我们并无恶意，还望黄鼬妹妹容个解释。"黄鼬见他态度温和，稍放戒心。"我乃黑熊，刚得了'五灵脂'，欲赶回家替我儿治疗外伤。谁知摔了跟头，惊扰你的孩儿，还望恕罪！"黄鼬心里渐宽，又见己误伤黑熊同伴，惭愧道："刚才多有得罪……我方才捉得几只蝗虫，若是不嫌弃，还望二位留下享用！"

龙龙恍惚间听闻此言，生气道："常言黄鼠狼给鸡拜年——没安好心，你今个不容分说伤了我，又来请我吃蝗虫，居心可知！"黑熊劝道："黄鼬妹妹也是护子心切，龙龙万不可放在心上。"龙龙渐渐清醒，方后悔之前所言，赔礼道："刚才恍惚，还望黄鼬姑娘海涵。"黄鼬亦怪自己急躁，寒暄片刻，大家都欣然笑了。"那就不多耽误了，我与龙龙还要继续赶路，就此别过！"黄鼬点

头，龙龙让黑熊扶住胳膊，走了几步又回身说道："对了，我闻黄鼬常住林缘河谷，灌丛草丘，今后就住在石洞山洞为好，以免再遇到这黑瞎子误拔了你的尾巴做狼毫！哈哈哈……"黄鼬亦笑："此话有理。"黑熊故意啐道："呸，敢取笑我，吃我一熊掌！"遂闹着相与前行，不久便到了斗底山黑风洞。欲知后事如何，且听下回分解。

蝗虫

第十九回
身有彩凤双飞翼　翩翩起舞生美境

话说龙龙陪黑熊到了黑风洞后，赶紧用岷江水和着五灵脂给小黑熊服下，小黑熊没过多久便觉好转，黑熊甚是高兴，次日便邀龙龙四处游走。几日后，龙龙草草吃了早饭，辞别黑熊，哼着小曲儿，晃晃悠悠走在茂林山涧中。"大王叫我来巡山，抓个和尚做晚餐……"龙龙兴之所至，越唱越兴奋，忽闻一声嗤笑，抬头看去，一物站立于君迁子枝头，十分好看：身披七彩霓裳羽，尾生艳色长毛翎。腹着深红离散发，脚蹬金黄三趾靴。

君迁子

红腹锦鸡（国家二级重点保护动物）

龙龙见其嗤笑，颇为讶异，开口道："敢问姑娘系何族？怎生得如此妩媚，比起孔雀之艳丽，不差分毫！"红腹锦鸡闻此言，大怒："你这傻瓜，说谁是姑娘，我乃堂堂雄雉，锦鸡之属，你竟将我唤作姑娘，可恶可恶！"

龙龙闻此言，连忙作揖赔罪："今日实属冒犯，还望锦鸡兄不计我这憨货之过错。我实属见识寡陋，不知锦鸡如何辨雌雄，只见锦鸡兄生得如此美，不似我，一身只着这黑白衣，今见此华丽服才会一时激动，口不择言，还望莫怪，莫怪啊！"

红腹锦鸡见龙龙如此真诚，不似作假，怒气早已去了大半，又闻此言，心花怒放："我红腹锦鸡一族，雄雉多着华丽衣裳，雌雉着素色衣袍。我等本鸟类，却形似鸡，又因腹着红毛，被称'红腹锦鸡'，我这浑身着实艳丽，也不怪你，反正这千百年来，无法辨识者，不差你一个。但要论这霓裳羽衣之美，我可不敢与蝴蝶一族相提而论，你既然对美物心向往之，今日我便带你去见识何为妩媚之姿，且随我来吧！"

龙龙随红腹锦鸡而行，待行至一藤蔓茂林处，方停歇。龙龙见此处层林尽染，藤蔓盘根交错，并未发现奇特之处，未来得及向红腹锦鸡讨教，便听得红腹锦鸡言道："这藤蔓乃马兜铃，是三尾褐凤蝶幼虫寄生之处。三尾褐凤蝶为我国特有之，形貌艳丽，故旧时为人所捕，制成标本，今存有限，若今日能睹其风采，实乃幸事。"龙龙只见满目翠绿，顿生兴致，提足便向那笼翠绿袭去，只见藤蔓丛微动，接着眼前纷乱。

马兜铃

三尾褐凤蝶
（国家二级重点保护动物）

三脉紫菀

　　一群蝴蝶破蔓而出，在斑驳阳光下翩翩起舞，熠熠生辉。"分飞还独出，成队偶相逢。桃蹊牵往复，兰径引相从。翠裹丹心冷，香凝粉翅浓。可寻穿树影，难觅宿花踪。"古人赞美蝴蝶之词都不足以描绘此情此景。龙龙看呆了，只听得红腹锦鸡道："三尾褐凤蝶曾被登于国家邮票之上，一时风光无量，可栖息地生境被破坏，加之各栖息地距离较远并相对孤立，使之愈来愈少，已被列入世界自然保护联盟濒危物种红色名录。

'质本洁来还洁去，强于污淖陷沟渠'，三尾褐凤蝶生得妩媚，却去得纯洁，一生短短时日，活得悠然自在。"

　　龙龙深有感触，抬头看着在三脉紫菀间恣意起舞的三尾褐凤蝶，她们着世间最为华丽之霓裳，为造物主手中之宠儿，不惧生活之危难，翩然起舞，向阳而生，向阳而死，宠辱不惊，去留无意，唯保护好其栖息环境才是正道。欲知后事如何，且听下回分解。

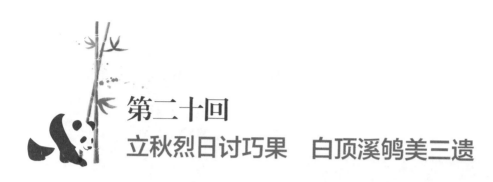

第二十回
立秋烈日讨巧果　白顶溪鸲美三遗

　　上回说到龙龙亲眼见过那三尾褐凤蝶后便心生向往，与红腹锦鸡倾诉离别之意后离去，日中方入另一茂林，林木身缠藤蔓，盘根错节，尽掩其树本色，二三为伍，遮天蔽日。一路穿行间，只少许阳光自缝隙洒落，故不察骄阳炽热。又行多时达茂林边缘，猛见烈日如火，龙龙不由生出几分烦闷，一拍脑门儿闷声闷气地说："这立秋也过好几日了，说好的暑去凉来，怎么就没了呢？！""哈哈哈！"笑声自远方传来，没等龙龙反应过来，那声音继续道："你这呆子，多日不见还是这副憨样，竟是不知如今又已临近处暑了吗？"

白顶溪鸲

　　龙龙用爪子搔了搔脸，有些懊恼道："这我当然知道，我原来还在图书馆待了好一段时间呢，那有关节气的书上可写了'处暑'又作'出暑'，意为三伏天离开，这炎热离开不该是凉爽了吗？""你这厮，可看见那书上后半段还写了处暑尾声秋老虎要来？"话毕一形如山雀的玲珑鸟飞来，只见她：一头老翁发蓬松，两只圆目褐如墨。身被一领栗红氅，颈束深色光泽缎。尾端暗黑少辉亮，振翅娉婷翩翩来。

　　龙龙当即喊道："我当是谁呢，原是你白头翁，许久未见，你还是这般藏头露尾！""与你说过多少遍了，我名唤'白顶溪鸲'，最后那字儿念 qu，阳平声调。"话未说完便倏地飞到龙龙头顶，伸出黑翅就是一扇，听得龙龙"哎呦"一声后，才道："龙龙，你可记住了？""记住了记住了，还请白顶溪鸲大人翅下留情呀！"龙龙赶忙讨饶。白顶溪鸲冷哼一声，"且放你一马，说说，怎忽地想起来我处？"

鱼嘴

"哎,瞧你这话说的,我不是想着虽然七夕过了,但还是可以在路过此地时,前来讨点巧果尝尝吗?这不,还没到就被你给数落一顿。"龙龙略有埋怨道。"这倒是我的不是了,巧果为七夕那日独有,你想得挺美,让我如今何处给你寻来?""没有也没啥,我就当顺路来看望看望你了。"白顶溪鸲不住叹气:"也罢也罢,真是服了你,要不带你欣赏下'三遗'之城吧!"望着龙龙一副痴呆相,白顶溪鸲道:"看来你最近不关心窗外事了,2018年8月14日上午,在第69届国际灌排委员会国际执行理事会全体会议上,都江堰水利工程成功申报世界灌溉工程遗产,让都江堰一跃成为全球为数不多的三大世界遗产集中的城市,可喜可贺!"龙龙憨憨一笑,连忙点头,"还有这等好事,那咱们快去都江堰的街头走一走吧!"欲知后事如何,且听下回分解。

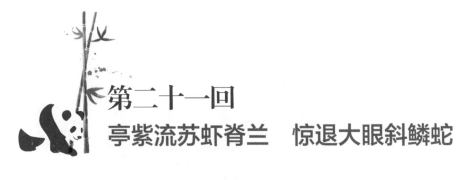

第二十一回
亭紫流苏虾脊兰　惊退大眼斜鳞蛇

　　且说龙龙一听说都江堰喜获"三遗"之城美誉，激动之余走下山去。这一路上，阴地蕨，书带蕨，长瓦韦，大灰藓，尖叶油藓……各种蕨类植物、苔藓类植物数不胜数，龙龙虽只能指名一二，却对这清一色无甚兴趣。不多时，红腹锦鸡在前头叫到："快来看！这是何花？"龙龙突然精神抖擞，蹿到红腹锦鸡身前。只见这花："身着紫纱亭亭立，温润肌肤倚叶出。丹唇染紫君子笑，掩面纤指宛流苏。"

苔藓

阴地蕨

长瓦韦

龙龙喜笑颜开，恰好之前在都江堰第一家深夜书店——"书里书里"偶然翻得，自然要向伙伴卖弄一番："这是流苏虾脊兰，花期6～9月，果期11月。生于海拔1500～3500米的山地林下和草坡上。你们看他，唇瓣浅白色，后部黄色，前部紫红色，扇形，边缘似流苏，真是美极了。这类珍贵的高山野生花卉，在我们西南横断山脉较为丰富，但保护工作依然十分紧迫，今日有幸得见了！我得去向巡护人员报告！"

红腹锦鸡频频点头，龙

流苏虾脊兰（国家二级重点保护植物）

龙正欲作诗一首，突然一只眼大瞳圆的大蛇立于跟前，黑舌长吐，蛇脖怒涨，好不来势汹汹！红腹锦鸡吓得浑身一颤，惊叫到："眼……眼……眼镜蛇！"龙龙闻红腹锦鸡惨叫，猛一个箭步冲上去抢起蛇尾，又捏住其七寸，怒道："我借你熊心了，你敢在这里放肆？还想毒害我友人，看我不教训教训你！"那蛇忙叫道："好汉饶命！我并无歹心，我误以为你们要害我，才装成眼镜蛇！""你不是眼镜蛇？那你是何物？"龙龙道。

"吾乃大眼斜鳞蛇，生性胆小，路过于此，刚才我正在练习给女朋友表白，突然见龙龙挥手吟诗之态，可把我吓得不轻，我本想悄悄溜走，又听红腹锦鸡尖叫，我料已被发现，为保命才鼓起脖子装成眼镜蛇，以为能将你们吓退！"龙龙等知其缘故，定下神来，观其颈背有一黑色箭形斑，但其外缘末镶细白线纹，确认无疑才将其放之，又道："你刚才说你正练习表白，说来听听？看看你说的是否能打动人？"大眼斜鳞蛇不好意思

大眼斜鳞蛇

状，道："我没有宽宽的肩膀，你累的时候，给不了你温暖的依靠！"大眼斜鳞蛇顺势离开熊掌，边逃边叹道："平日里，只要我立起蛇身，涨起蛇脖，就能吓退无数捕猎者，今日却差点惹来杀身之祸。这人类常把胆大者比作'吃了熊心豹子胆'，今儿可真真体会到了熊猫也胆大！"欲知后事如何，且听下回分解。

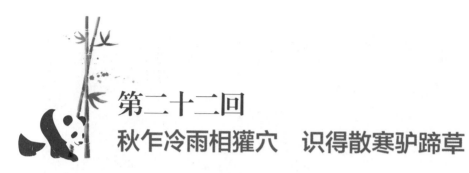

第二十二回
秋乍冷雨相獾穴　识得散寒驴蹄草

　　话说龙龙正在感叹之际，忽闻耳后有声传来，便循声而去。说来也怪，山上天气说变就变，刚才还是大太阳，一会便是乌云密布，小雨点不请而至，龙龙酷酷的发型顿时耷拉下来，没了心情。龙龙刚行至山谷溪边，看见一只羽毛斑斓的蓝翡翠从头顶飞过，没留神溪边的泥土已然松软，碧绿苔藓又打了掩护，脚下一滑，眼看就要栽进溪水。龙龙突然感觉一双尖利爪子猛然拽住了他的尾巴，龙龙不禁大呼："是谁拽住了我命运的小尾巴，还下手这样重？我尾巴都要断啦！"

蓝翡翠

苔藓

猪獾

话语间一阵剧痛传来，龙龙被一股巧劲儿拉上岸来，不由转过头想看看是谁"好心"救他，只见他：黑脸短毛，长喙小耳圆珠眼，背间黑白两色交杂，两只利爪置于胸前，身后耷拉一条白色短尾，身量与小熊猫相仿，体态状若野猪，正伏地抬头望着他，满眼熟悉神色，原是那旧相识小猪獾。

龙龙双手作揖道："适才多亏猪獾兄救了我，不然我可就一头栽水里去了！""无妨，无妨！"猪獾摆摆爪子，"我在那头溪边洞穴正做美梦，被轰隆脚步声惊醒，就想着出来看看，这没看清是谁呢，就见你要往水里去，情急之下才……望龙龙莫要生气。"龙龙正欲

回答，却觉后背一阵发凉，"啊啾啊啾！"一连打了好几个喷嚏才停了下来。

"这雨越发猛了，快随我回巢穴避避。"龙龙也觉难受得紧，遂快步随那猪獾回了穴中，坐在干草上说："真是多谢猪獾兄了，龙龙我无以为报呀！""你这说的哪儿的话，举手之劳，不足挂齿。"猪獾面露羞涩之意，忽地想起一事，便转身没入雨帘中。不多时，猪獾爪里攥着一片翠绿之物走了进来，举到龙龙眼前，一脸喜色问道："龙龙你可识得这是何物？"龙龙瞧那连根带叶，叶子形似驴的蹄印，花为黄色，一时想不出为何物，便开口道："猪獾兄你莫卖关子，赶紧告与我吧。""嘿嘿，我见你连续

驴蹄草

打喷嚏，又淋了雨，定然受了风寒，才学那些山中的采药人摘了这驴蹄草来。"龙龙不解。"我可亲眼见他们采了驴蹄草煎水服了，说是有祛风散寒的功效，又说这开的嫩黄花朵虽小巧可人，却是有毒的，不得作药。①" "没想到猪獾兄隐居山中也能得学识，龙龙自是佩服。"龙龙服用了猪獾用石锅煎的药水后，闲聊了一会，便觉有所好转，遂辞别下山。欲知后事如何，且听下回分解。

———————————————
① 驴蹄草有一定毒性，使用时应有专业人士指导。

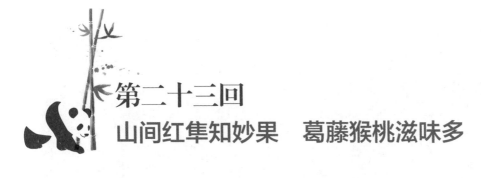

第二十三回
山间红隼知妙果　葛藤猴桃滋味多

且说龙龙下山不久，便觉口中生涩异常，估摸着这几日的竹子不够鲜美，便寻思着去寻些时令果子来换换口味，解解嘴馋。于是，哼着小曲儿晃晃悠悠地行至赵公山半山处，忽觉疲乏，正想寻一草垛休憩一番，听闻有人唤道："龙龙兄，龙龙兄，等一等，等一等！"待龙龙回头望去，只见一物一个漂亮的空中飘移过后，稳落在龙龙前方的长蕊万寿竹上。只见他：褐眼灰嘴尖端黑，形容优雅金脚靴。头颈及背披灰色，尾布蓝灰无横斑。此乃红隼。

红隼（国家二级重点保护动物）

红隼垂头梳理了一番颈间的羽毛，抬起头对龙龙道："龙兄这般疾行，是有何要紧事？听红腹锦鸡说你在此山间游荡，好不容易才追上你。你这憨头，看似行动迟钝，怎地如此敏捷？"龙龙闻此言，抓了抓自己的一双短耳，歉意道："我这几日口中无味，寻思着下山去寻些时令水果解解馋，听说都江堰红心猕猴桃很有名气，想趁个早，摘些新鲜的。一路行来，只想着那猕猴桃如何美味，未曾注意身后动静，倒是让你好追了一番。"红隼闻言一笑："龙兄要寻这猕猴桃，何必辛辛苦苦去山下，你不知这山涧之中有一至宝，名为葛枣猕

猴桃，也甚是美味。你且随我去见识见识。"龙龙欣然与红隼同去。

行至一山涧处，红隼盘旋于茂林之间寻觅，龙龙已然望穿双眼，见红隼落于一树状藤蔓上，提步前去，险些坠入草笼。红隼见此，不禁大笑："龙龙，瞧你熊样，且慢来，不急。"龙龙顿时面红耳赤，放慢动作，目光却是直盯着那藤蔓上的果子。待龙龙走近一瞧，便见这藤蔓之上，绿叶横生，其间点缀着些许绿色果子，形似猕猴桃。红隼正欲开口，只见龙龙大嘴一张，那葛枣猕猴桃便入了嘴。龙龙只嚼了半刻，顿觉涩口，边吐边嚷道："这物看起来可口，

葛枣猕猴桃

为何进嘴却是如此涩，可害苦了我。"红隼见状不禁展翅大笑："你如此猴急，不待我说完，便入了口。这葛枣猕猴桃生长于山林之中，未曾经过人工培育，口味多酸涩，但却是极具价值的遗传资源。若想尝到其中美味，还得精挑细选。

见红隼遁入葛枣猕猴桃藤蔓中，不一刻，便叼出一金黄色果子递与龙龙。龙龙小心翼翼放入口中，顿觉唇齿生香，

好不美味。人道是'心急吃不了热豆腐'，而今我是心急吃不了好桃，这葛枣猕猴桃当真是人间好滋味，解了我口中涩味，待我再去寻些，储藏府中，细细品尝。"龙龙一番言罢，还来不及向红隼道谢，便遁入葛枣猕猴桃丛中去了。红隼在原地暗暗发笑："道他憨态可掬，原是一枚吃货！"欲知后事如何，且听下回分解。

第二十四回
山野鹰鹃护红杉 南桥烟雨水中浮

话说上回龙龙游于山野之时，巧遇红隼，并有幸尝得葛枣猕猴桃的美味，饱后便呼呼大睡。次日中午向红隼道别，离了蚂蝗岗。不久，行至花簇丛中，见古藤青蔓附其身，闲花野草衬身姿，傲然立于山间，好不别致。龙龙走上前去，左瞧右望，却不知其为何树。树上忽传一言："你这熊呆子，在这鬼鬼祟祟作甚？"龙龙望向树上，定睛细看，见那物：黑面尖嘴眼鼓，横斑环绕瘦骨；身披灰褐斗篷，着覆羽展雄风。

鹰鹃（四川省重点保护动物）

四川红杉

龙龙道："你这小鸟说谁呢？我只是来瞧一瞧此为何树！""哼，你这呆子，我乃威风凛凛的鹰鹃，不叫小鸟！见多了你这为财而来的贪心者！""我只是路过此地，见此树奇特，故前来观赏！"龙龙急忙争辩道。鹰鹃沉思了片刻，见龙龙那无奈神情，便道："此树为四川红杉，松科，落叶松属，国家二级重点保护植物，每年秋天叶子会变黄。红杉木材优良，用途广泛，四川曾经有大片纯林，因人类过量采伐，已经濒危，目前只在四川局部山区残存，因此许多贪钱者来此地想要砍走此树。"龙龙道："原是这样，那更要保护好了！"鹰鹋望望天色，道："天色渐晚，你也难得到此一游，要不我请你去吃晚餐吧？听说城里小吃很多。"龙龙擦擦口水，道："那还不快去啊！"

龙龙与鹰鹋沿着上次盛林悄悄告诉他的入城密道，来到一座桥旁，桥上有字，曰"湖北桥"。鹰鹋见路上行人众多，道："这样出现，小孩受到惊吓，怎么办？"龙龙道："甭担心，我早有准备，前天我就收到了我在购物网站上买的装备！"只见龙龙从背包里拿出一件衣服，还是大熊猫款。鹰鹋一见，噗嗤一声笑了："真熊猫穿上假熊猫衣服，闻所未闻！"只见他们一前一后跟随人群进入城里，五桂桥葱葱卷、赵卖面开心水饺、杨柳河牛肉豆花，各色美食让龙龙眼花缭乱，龙龙摸摸鼓鼓的肚子，好不高兴，自叹道：竹子，竹子，你离我远点吧！望着眼前熙熙攘攘的人海，道："也是奇了，平日在山上，只要有人看见我，像看见宝贝似稀罕着，怎么到了城里，反而无视我？"鹰鹋道："别把自己当回事，你没看见我们经过的地方，有很多商店在售卖熊猫衣服吗？他人都以为你只是一个穿着熊猫衣服的人

而已，而且都江堰开展了"华豹""金宝宝"等大熊猫出国等活动，还给四只刚出生的大熊猫宝宝进行了全球征名，对熊猫见怪不怪了！"龙龙道："那倒也是！哎，管他呢，我还是走自己的熊路吧！"

葱葱卷（都江堰地方名小吃）

牛肉豆花

开心水饺

南桥

至幸福路，只见：清风时散闲花香，单檐青瓦连街。涓涓溪流浅吟，鸟鸣余音绕耳。"这是被誉为山水入怀、生活道场的灌县古城，始于南北朝后魏时期，在这里可以登玉垒看浮云、依南桥赏宝瓶、上文庙拜孔圣、临内江品夜啤、逛杨柳河休闲！"鹰鹃望向一旁欣赏美景的龙龙说道。经过南街来到一座桥前，鹰鹃用翅膀指着，道："这便是南桥了！南桥原名为普济桥，曾多次损毁。现在看到的南桥是"5·12"地震后采取修旧如旧的方式重建而成，桥上"海瑞罢官""水漫金山""孙悟空三打白骨精"等民间彩塑，情态各异、栩栩如生，不愧为天府源头第一桥！"欲知后事如何，且听下回分解。

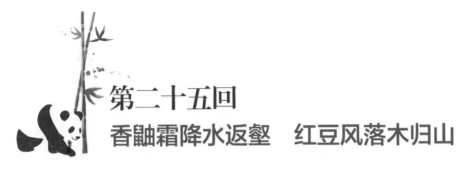

第二十五回
香鼬霜降水返壑　红豆风落木归山

且说那日龙龙在灌县古城欣赏南桥时，腰间手机突然响起微信消息提示音，龙龙打开微信，原来是香鼬邀请他视频聊天。龙龙接通后，香鼬道："龙龙，你都下山快一年了，前往龙池管护站被洪水冲毁的道路已经修好了，大家伙都想你了，快回来吧！"龙龙随着香鼬的手机镜头看到斑羚、大灵猫、白尾鹞、

小白腰雨燕都围在香鼬身边睁大眼睛望着他，从眼神里看得出都期盼着他赶快回去。望着他们，龙龙眼睛有些湿润了，一日不见如隔三秋，何况自去年腊月底下山以来，差不多快一年了，不知山上近来如何？龙龙向鹰鹃辞别后，经杨柳河、灵岩隧道、紫坪铺水库巡山而返。

斑羚（国家二级重点保护动物）

小白腰雨燕

紫坪铺水库

行至山间，"当真是山中秋来风景异啊！"龙龙裹了裹自己的衣服，跺了跺脚，嘴里碎碎念着。忽然，见身后草丛耸动，似有疾风而来。不及龙龙回首细看，那厮却来了个漂亮的回旋，稳稳当当停在了龙龙跟前。不待龙龙开口说话，那物道："龙龙兄，久等久等，我今儿出门好生梳洗了一番，这才费了些时迎接你，您可莫着急了。"龙龙垂首看去，道："香鼬兄，来得正是时候，我看这秋景甚有趣味，也是诗兴大发，不如我来为香鼬兄作诗一首，如何？"香鼬听此，也来了些兴致："我倒要看看龙龙下山得了些什么真本事？"

"娇俏玲珑躯，纤细五趾足。身后蓬松尾，黄褐皮草衣。道是疾风来，却是香鼬兄。哎呀，不成不成，我才疏学浅，香鼬兄这般好的姿态，我竟是不知如何描绘，惭愧惭愧。"龙龙言罢，还斯斯文文地作了一揖。"你这憨货，今日倒是文绉绉的，不过这诗极好，当真士别三日当刮目相看，我且收下了。前些日子里约你共赏秋景，今日出门却是又迟了些，时间尚早，不如我带你去见识见识这山中瑰宝——红豆杉，如何？"香鼬道。"既是香鼬兄相约赏这秋景，我自是客随主便。"香鼬听完龙龙此话，甚是欣喜，忙带着龙龙向山涧深处走去。

香鼬（国家二级重点保护动物）

红豆杉（国家一级重点保护植物）

不久，香鼬拽了拽龙龙，对龙龙道："你且蹲下，我用用你的肩膀。"龙龙依言而行，香鼬一使劲，便蹿上了龙龙的肩膀，拍了拍龙龙的头，示意他站起来。龙龙起身环顾四周，入目所及不是常绿阔叶便是落叶乔木："甚是无味，无味，不及霜叶红于二月花之景，你就是带我来看这密密麻麻的叶子的，好生无趣。"香鼬见龙龙大失所望的样子，不禁捧腹大笑："怨不得这山中万物说你是憨货，你抬头看去，包你大吃一惊！"

龙龙抬头看去，目光所及是成片挂着红色果珠的树木："这是何物，为何与红豆杉如此相似，却又多了些许红色豆子，瞧起来甚是养眼，惹人喜欢。"香鼬见龙龙如此喜爱，心下稍安，得意开口道："这就是红豆杉。其间缀着的

红色豆子乃是红豆杉的果子。每逢秋深，红豆杉就会高高挂起这红色，红果配绿叶，点缀其间，这成片的红豆杉一眼望去，好不壮观，其间又有别样趣味。且这红豆杉也被称作观音杉，因其有着特殊香味，被佛教作为佛珠取材……"

正在香鼬口若悬河之际，龙龙提脚快步向红豆杉走去。香鼬见此颇为疑惑，追问龙龙做什么去，只听得龙龙中气十足道："我且走近些，多嗅嗅这香气，也让我被这香气熏熏，到时我也是个'香饽饽了'，你且收好我的熊猫衣服，我去去就回，去去就回！"香鼬大笑，情不自禁道："秋风瑟瑟起，绿枝缀殷红。乡国云霄外，谁堪羁旅情。当真是红豆生龙溪，龙龙采撷去，谁不说我家乡好啊！"欲知后事如何，且听下回分解。

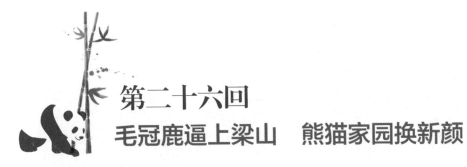

第二十六回
毛冠鹿逼上梁山　熊猫家园换新颜

且说龙龙身入红豆杉树丛中，左顾右盼、捏摸掂量，正看中一石崖边有两三颗好果子，熊嘴就要叼上，忽一灰褐色不明物嗖的一声纵身而跃，跳上石崖，到嘴的美味飞了。眼睁睁看着到嘴的美味不见了，龙龙熊威一震，怒道："是哪位好汉？无路可走，逼上梁山了？"

这是何物，只见他：身纤体瘦形似鹿，獠牙露口泪窝深，角短无杈尖尖露，额顶黑毛一簇长。此乃毛冠鹿，又称隐角鹿。听得龙龙怒吼，更是惊得一跳三尺，谁知尚未落地，就被蹄下藤蔓猛地一勾，摔在龙龙跟前。

毛冠鹿（国家二级重点保护动物）

毛冠鹿

　　龙龙见他弓腿伏地，又是好笑，气竟去了一半，"我气归气，你也犯不着行此大礼啊！"这毛冠鹿摔得不轻，晃神片刻，才觉前足疼痛剧烈，哀嚎阵阵。龙龙俯下身，发现他前腿皮破肉烂，鲜血直流，立刻唤香鼬前来相助。香鼬周遭找了片刻，并无其他止血的药材，只寻得一把刺儿菜（小蓟），正处金秋季节，枝繁叶茂，便衔了两金枝，欲给毛冠鹿敷上。龙龙将刺儿菜层层裹在毛冠鹿腿上，以熊掌按紧，又叫香鼬再去寻个包扎的绳子来。香鼬往山上飞奔而去，可巧遇着几处野葡萄藤，便摘了两根细枝，疾驰而返。

　　待伤口包扎好，毛冠鹿口口声声念道："谢谢二位救命之恩，谢谢两位兄台相助……"龙龙道："不必多礼，为何如此慌张？我少吃个果子事小，你这几日行动可就不便了！"毛冠鹿长叹一声，道："上月我从山上下来，想到附近村子寻些豆类吃食，谁知难得一次独自行动，竟被几个村民捉住了，将我圈养家中。这个月来虽嫩枝嫩叶，各种好吃的待见我，但终是不自在。""所以他们将你放出来了？"龙龙问道。毛冠鹿摇头，"今日，那家人寻思着把我卖了，说我皮可制革，价格不菲。我吓得嘶吼乱窜，亏得他家孩子不忍心，偷偷将我放归。这一路担惊受怕，只顾着往山上冲！"

龙龙和香鼬听完，连连慨叹，"圈养之心，尚能谅解，牟取私利，其心可诛。你乃国家二级保护动物，此事必须汇报给龙池管护站。若人不能与动物和谐相处，又何谈和谐共生啊！看到《中华人民共和国野生动物保护法》又做了修改完善，而且大熊猫国家公园也已举行了正式成立仪式，誓将生态保护进行到底，相信我们的生活和环境会越来越好！""说得好！"欲知后事如何，且听下回分解。

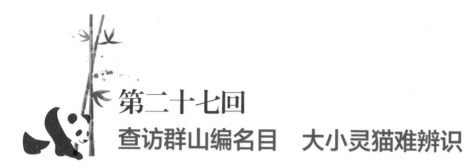

第二十七回
查访群山编名目　大小灵猫难辨识

　　且说那日龙龙、香鼬救得毛冠鹿，陪其伤口渐好后方才离去。走在山上，香鼬见龙龙愁眉苦脸，心中似有事，上前道："龙龙，我们把毛冠鹿救好了，应该高兴才是，你怎么闷闷不乐呢？遇到什么难事了？"龙龙道："因前日接得管护总站人员一个电话，让我编写《龙溪虹口濒危动植物记录》，这是个苦差

啊！"香鼬听后道："这是好事，适逢大熊猫国家公园建设，我们应该把周遭邻居打探清楚，方便今年春节串门，把我们储存的苹果、花生、蛋糕分享给大家，过一个愉快的春节！"龙龙擦了擦口水，"那是，那是！这确实是美差，我们快走吧！

高山灌丛

龙龙日出而作、日落而息，奔走于深山林涧之中，一一拜访了各山各水各寨各洞。这日，龙龙起了个早，匆匆梳洗一番，背上熊猫背包，胸前挂上照相机，左手握手抄本，右手握熊猫笔，左闻闻，右看看，像是寻宝一样，一路写写画画，颇有学者风范。临近晌午，龙龙方觉饥肠辘辘，于是席地而坐，从背包中拿出准备好的紫菜包饭，正欲大快朵颐之际，只见迎面走来两只大灵猫，对着龙龙挥手，龙龙见他们似乎有事问他，马上正襟危坐。

两只大灵猫款款行至龙龙跟前，一只大灵猫打趣龙龙："龙龙今日装备齐全，可是为了《龙溪虹口濒危动植物记录》编写一事？平日里可少见龙龙如此

心无旁骛、兢兢业业！"龙龙抓了抓自己一双短耳，道："说来着实惭愧，在山中岁月虽久，游玩之地虽多，之前自以为熟知山中各事，如今当真做起事来，方觉短处犹在，灵猫兄可否指点一二？"另一只"大灵猫"闻言哈哈大笑："龙龙，那我如今为你指点一二，你可知我是何物？"龙龙闻言倒是有些好笑了："这位灵猫兄，你可是比我还糊涂不是，你乃大灵猫，是国家二级保护动物。怎的，真是没吃午饭，忘乎本性？"龙龙自觉言之凿凿。却不料听得另一只大灵猫嗤笑一声："你这憨货，叫你编写《龙溪虹口濒危动植物记录》，你却是连大小灵猫都不分，委实需要指点一番。你且细看我们有何不同？"

小灵猫（国家二级重点保护动物）

大灵猫（国家二级重点保护动物）

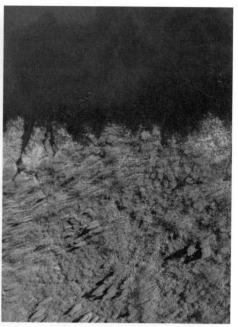

龙池湖秋景

　　龙龙连忙擦了擦眼，定睛看去，只见那大灵猫：身披棕衣缀黑斑，额宽吻突头略尖。前足三四有皮爪，喉颈波状三黑纹。黑白色环交至尾，端末仅余一点黑。再向另一只"大灵猫"看去：褐色大衣披身间，额窄吻尖耳短圆。四肢后长前略短，足具五趾无爪鞘。尾布白褐双环衔，末尾仅余色灰白。龙龙心里诧异一番，也知是自己指鹿为马，将其错认为大灵猫，连忙开口道："这位兄台请勿怪罪，在下才疏学浅，不知兄台真面目，可否告知一二？"

　　小灵猫闻言方才心中舒缓一番："我乃小灵猫，与大灵猫有着血脉之亲，因此相貌与大灵猫相差无几，需得细细辨认。我今日和大灵猫作伴来寻你，就是想讨个名目，莫将我俩弄混了，不然以后这龙溪-虹口之中，无人识得我小灵猫了。"龙龙大感羞愧，忙开口抚慰："小灵猫兄与大灵猫兄且放心，我定会为二位寻得好名录，细致二位面貌，教人不再认错。"大灵猫和小灵猫见大事已成，向龙龙道谢后心满意足地离开，比肩跃入秋色满山间。龙龙见那相差无二的背影，不禁有些懊恼："那真假美猴王都能被辨识，到我这里却是大小灵猫不分，当真是道行浅了些，这《龙溪虹口濒危动植物记录》凭我一己之力恐是无法完成，看来得寻求合作，方能成大事。"言罢，龙龙径直朝山下而去。欲知后事如何，且听下回分解。

第二十八回
秋落远山寒色重　回首再遇白头翁

　　上回说到龙龙下山寻求帮助，远远望见一只领角鸮在林间忽上忽下。见天忽然暗沉，几分阳光隐了踪迹，龙龙忍不住缩缩脖子。领角鸮一旁瞧着，欲打趣龙龙一番，一开口便喷嚏连天。龙龙听着不免担心道："领角鸮，这快入冬了，是愈加冷了，我都觉得冷风嗖嗖嗖，你可莫学城里那些个姑娘们'只要风度'啊，保暖要紧！"领角鸮冷哼："我这一身羽毛可不是作摆设的！""我都甚冷，咱们找处地方避避吧！"领角鸮长叹一口气："也罢，我自带你寻处暖和之地。"

领角鸮（国家二级重点保护动物）

龙龙跺了跺脚，连连点头道："咱们快去吧，多在这里待一秒我都觉得要冻僵了。"领角鸮双翅一挥："你随我来吧！"穿过一方密林，见粉色花瓣四散山坡，那花朵却只剩了一两花瓣，叶柄生三出复叶，基部略呈浅心形，叶边呈锯齿状，背生白色绒毛。龙龙大声道："领角鸮你且来看看！"领角鸮一愣神，随即一个回旋稳稳站立枝头，疑惑道："龙龙，何事？"龙龙笑道："快来看，这里有一大片白头翁。"领角鸮四处望了望，生气道："哪里来的白头翁，你又在打趣了！"龙龙道："你且看看地上！"领角鸮道："这明明是大火草，怎么跟白头翁扯上关系了？"

龙龙道："这你就有所不知了，前日因编

大火草

《龙溪虹口濒危动植物记录》，故知一二。此草名曰大火草不假，但别名白头翁、山棉花、大头翁，为毛茛科多年生草本植物。生于海拔 700 ～ 3400 米的山地草坡或路边阳处！"领角鸮挥了挥翅膀，道："那你且说说此白头翁有何妙用？"龙龙道："我曾在《重庆草药》里看过这般记载'大火草：化痰，止咳，除毒。治痰饮咳嗽，气喘，痒子'，以其根茎入药，还可治痢疾之症，也为小儿驱虫药！"

龙池秋景

龙龙一脸得意，领角鸮听后道："这便完了？你只知它有药用价值，不明其他呀？大火草同时也是园林植物，大火草茎含纤维，脱胶后可搓绳；种子可榨油，含油率为15%左右，种子毛可作填充物，做救生衣等！如此多妙用，龙龙你可记下了？"龙龙道："还有这些用途？"说完，龙龙从背包里拿出"双十一"在网上购买的新款手机联网搜索后发现，确如领角鸮所言，龙龙道："不是知识跟不上，是时代进步太快！咱们还是先避避风寒吧！"欲知后事如何，且听下回分解。

第二十九回
谁念熊猫独自祥　金丝猴道是寻常

　　且说这天寒地冻，逼得龙龙寻找避冷的去处。片刻后，发现一株水青树下有洞可容，龙龙便躲了进去。"寒风吹我骨，严霜切我肌。"刚念罢，树上蹿下个黄褐色伶俐物，只见他：狭长面部显鼻吻，四肢短小爪自如。等身长尾挂金环，黄褐软毛当披风。龙龙知其为灵长目猴科动物，名为川金丝猴，也叫蓝面猴、仰鼻猴、果然兽等，是国家一级重点保护动物，便主动招呼道："金丝猴兄弟，外面冷风席卷，快进洞里避避风寒吧！"

川金丝猴

金丝猴瞧见是大熊猫龙龙，自是高兴，便进来与他攀谈起来，"今儿怎么戴了围巾？"龙龙听后，微微一笑道："你有所不知，此围巾乃进博会吉祥物大熊猫进宝的围巾，网购后，今天刚刚寄到，好看不？"金丝猴用小爪摸了摸道："很是柔软。从未听闻进博会跟我们有何关系，愿闻其详。""进博会也就是中国国际进口博览会，也是世界上第一个以进口为主题的大型国家级展会。吉祥物主体形象围着围巾，手持四叶草，四叶草在西方代表幸运，每片叶子都具有美好的寓意，设计中融入了中国传统文化"中正致和"的蕴意！""原来是这样！以大熊猫为原型的吉祥物数不胜数！而只在家里，猴爹叫我吉祥物！"

龙龙听后，用熊掌轻轻拍了拍金丝猴脑袋安慰道："别伤心，我们都居住在国家公园里，在这里至少有0.25万种高等植物、1.1万种动物，我们每个都是生态链中的一环，日益形成利益共同体、命运共同体，我们不关起门来搞小圈子，不搞清一色，独木不是林，万树才是春，我们只有通过共商共建共享才能创造美好生活！"金丝猴道："那倒也是！以前林麝、鬣羚、岩羊邀我相聚时，总是说'小猴，你马上过来！'自从那日野生动植物大会提出要倡导建设动物命运共同体后，都改成'猴哥，请你移步。'你说变化大不大？"龙龙哈哈大笑道："如今，不但人类更尊重我们，连我们野生动物彼此相处也更融洽了。你刚才说以大熊猫为原型的吉祥物很多，你且说几个来听听！"

鬣羚（国家二级重点保护动物）

岩羊（国家二级重点保护动物）

金丝猴摇了摇尾巴，认真说道："1990年北京亚运会吉祥物熊猫盼盼，2008年北京奥运会五福娃之福娃晶晶，2016年联合国开发计划署全球首对动物大使启启和点点，世界自然基金会会徽上的熊猫姬姬，中国国航吉祥物胖安达，温哥华华埠节的吉祥物熊猫威威，还有你刚才所说的2018年首届中国国际进口博览会的吉祥物进宝，另外，中国野生动物保护协会会徽上的形象也是熊猫！"龙龙听后，不由得激动起来："保护家园，熊熊有责！保护地球，人人有责！"话音未落，只见天空一物飞来。欲知后事如何，且听下回分解。

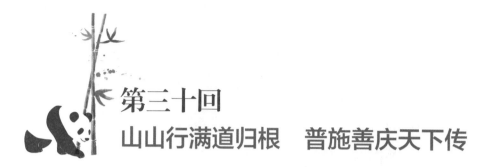

第三十回
山山行满道归根　普施善庆天下传

　　且说龙龙与金丝猴聊至兴处，见天空有物迎面而来，龙龙躲闪不及，那物重重打在头上，拾起细看，此物呈椭圆形，蓝黑色，小如枣，原是君迁子。龙龙四处张望，看见在远处水杉树上有一只藏酋猴正在挠腮抓痒，大笑不已。龙龙道："你这猴子，不在龙池山上好好待着，跑到此地来做甚？"藏酋猴道："常说乐不思蜀，看来你是乐不归山！你都下山一年有余，前日金猫、黑冠鹃隼、凤头蜂鹰、水鹿，还有遗宝在一起闲聊时，提到你到八百里青城巡山去了，后来打听到你今日会到此处，猴王派我下山邀你回去参加深山聚会，谈谈巡山趣闻！"

藏酋猴（国家二级重点保护动物）

龙龙听后远望四处，层林尽染，春去秋来，光阴荏苒。归去吧，归去吧！随之，龙龙与藏酋猴以及领角鸮一道穿梭于林间，一岭苍叶翠锦浇，半溪烟水碧罗明。行至龙池湖，山依旧，水依旧。盛林放归石碑已斑驳，不见当年放归景。

至小草坡下，闻阵阵欢笑从林间传来，你看那：灵鹫峰头聚霞彩，极乐世界集祥云。乌兔任随来往，龟蛇凭汝盘旋。丹凤青鸾情爽爽，玄猿白鹿意怡怡。五色花时开时结，万年果时熟时新。千果千花争秀，一天瑞霭纷纭。好不热闹！

龙池远眺

金猫（国家二级重点保护动物）

　　"大家快瞧瞧，龙龙回来了！龙龙回来了！"黑冠鹃隼飞得高，一眼就看见了。瞬间，鹊鹞、勺鸡、亚洲黑熊等众位全围了过来，像欣赏宝贝似的，捏捏下巴，摸摸耳朵，看看熊掌，弹弹肚皮，弄得龙龙浑身发痒，只好求饶道："别弄了，别弄了，痒死了！"大家伙看见龙龙的滑稽样甚觉好玩。在一旁的遗宝道："好了，好了，不要顽皮，听龙龙讲讲山下的趣事要紧！"

黑冠鹃隼（国家二级重点保护动物）

勺鸡（国家二级重点保护动物）

大家伙都松开了手，团团围坐在龙龙身边待其一一道来。听得高兴，金丝猴蹭蹭蹭爬上古树，在树林间跳来跳去；金雕也忍不住展翅高翔，叫声震彻山谷。遗宝道："你曾说你要给我一个惊喜，该展示下了！"龙龙道："我知道你要问，惊喜就是，我们的大熊猫家族在龙虹山添新成员了！"遗宝道："新成员？你说的是在红外线相机监控里看到的那只小熊猫？""不是，不是，你看她们是谁？"龙龙指了指旁边的两只熊猫。龙龙看遗宝摇头不识，便上前道："这就是 2018 年 12 月放归大自然圈养繁殖的大熊猫'琴心'和'小核桃'，我们野生大熊猫队伍越来越壮大了！"众物自是高兴，戏耍不久，见天色渐晚，各自散去。

相逢如初见，回首是一年。龙龙回望这一年走过的路，不禁感叹道：从朝阳初升，到夕阳西落，晚霞印染，山河简静，在静水草舍边，一个孤独的身影，伴着一轮水月，躲在无法穿透的黑暗中，拢去一袖盛世繁华，即便凉夜打湿了跳动的心、清风凌乱了容颜，却依然静静的，不肯离开。只怕，于喧嚷的众生中，你，寻我不到。你来，或不来；你高兴，或不高兴，我都在龙虹等你。

《龙虹记——龙龙的大熊猫国家公园奇幻之旅》至此终。

大熊猫"琴心""小核桃"放归照

后记

　　春耕冬收，准备掩卷了，你看了是否同我这般，山间万物，仍仅略知一二，有一种意犹未尽之感。荒山嬉戏、南桥遗梦、玉垒钟声、龙池踏雪原本简单，所有的故事如同从远方流淌而来的岷江水，干净明了，读懂便好。

　　你看的故事很精彩，但写作时觉得是件苦事，其间的过程，经受的才尽，无处与人言语。看到一年才出的成果，亦很幸福。独坐窗台，望着桌上玻璃微景观瓶里的已很久未记起浇水的苔藓，依然郁郁葱葱，网纹草不经意间都冒出了瓶口，楼前车来车往，亦无惊来亦无扰。

　　吾之心，已被光阴打理得清澈，人世浩荡与我亦可温和相处，不喜繁复事务，随心打字，平静想着龙龙的一举一动、一眸一笑。山里山外，也许很窄，花开花落，草盈草枯，生老病死，大抵如此。山里山外，也许很宽，晴光雨色，溪水小石，浮世倒影，皆有言语。

　　红尘之人，做红尘之事。都以为，上山后就只爱林泉白云，岂不知亦离不了柴米油盐，终不喜繁华世俗，只守寻常日子，简约安宁就好。对草木之情，浅水之趣，梦里山河，皆保持当年的姿态，一如初心，未曾改变。

　　吾想之，有朝一日，就这么抛却当下，小舟江湖，或者变成一只大熊猫，乐在山林，西风多少欲，吹不散眉弯。万物有因，多生烦恼，唯有舍得，方能自在。有诗为证：

永遇乐·龙虹记

　　莽莽森林，珍宝无寻龙虹深处。龙池湖边，波光粼粼激起鱼龙舞。涧水潺潺，群山耸峙，人云竹熊曾游。想当年，深山野埭，草木摇落无人。

　　跋山涉水，栖风宿雨，笑对千岩万壑。方圆八百，还顾四方，蝉鸣山更幽。穹窿四野，霞光斑驳，遐想翌日奇趣。凭谁问：艰难险阻，曾欲悔否？

　　此书得到了大熊猫国家公园管理局、四川省林业和草原局、成都市公园城市建设管理局、大熊猫国家公园大邑管护总站、大熊猫国家公园崇州管护总站等单位的大力支持，在此一并表示感谢！

雪岭熊风·芭蕉叶
庚子年雪月于龙池湖畔

龙池管护站